教育部新农科研究与改革实践项目（教高厅函〔2020〕20号）“学科交叉与教研融合的园林创新人才培养模式机制实践”、2020年度广西高等教育本科教学改革工程项目“基于‘专创融合’理念的园林美术课程教学改革与实践”(2020JGB207)、广西自然科学基金青年项目（2018GXNSFBA050054）“基于民族植物学知识的桂北传统村落植物景观研究”、2020年桂林理工大学校级规划教材建设项目“风景园林素描基础”的阶段性成果。

风景园林素描基础

丛林林　韩　冬　郑文俊　**编　著**

胡金龙　曾　丹　巫柳兰　孙雅沄
徐孟远　蒋敏哲　周菡菡　张　燕　**副主编**

華中科技大學出版社
http://www.hustp.com
中国·武汉

内 容 简 介

本教材以园林元素和园林空间的素描表现为主要内容，几何形体的素描表现只作为引入对象来讲解。比如，用球体、圆柱体、方体来引出树冠、树干、园林建筑的素描关系。这样可以让学生更易理解园林元素从平面到立体的过程。园林元素从植物入手，因为植物的透视不明显，造型容易把握，随着学生对基本线型和明暗关系的掌握，再进入其他元素和园林空间的表现，从简到繁，运用通俗易懂的语言和方法循序渐进地讲解园林素描的绘画方法。

本教材总结出了一套全新的素描绘画方法，将字母、文字、符号等元素借用到植物枝叶和树干的表现中，让学生对每种线型进行思考和分析，探讨不同种类植物的线型表现，激发学生的想象力和创造力。这样的绘画对象和绘画方法可使学生在风景实践写生和参赛作品的绘制中速度快、效率高，与专业紧密契合，从而提高学生分析问题和解决问题的能力。

图书在版编目 (CIP) 数据

风景园林素描基础 / 丛林林，韩冬，郑文俊编著. —武汉：华中科技大学出版社，2021.10
ISBN 978-7-5680-7609-8

Ⅰ. ①风… Ⅱ. ①丛… ②韩… ③郑… Ⅲ. ①园林设计—建筑制图—素描技法—教材 Ⅳ. ① TU986.2

中国版本图书馆CIP数据核字(2021)第207461号

风景园林素描基础
Fengjing Yuanlin Sumiao Jichu

丛林林　韩冬　郑文俊　编著

策划编辑：李家乐
责任编辑：李家乐
封面设计：廖亚萍
责任校对：刘　竣
责任监印：周治超
出版发行：华中科技大学出版社（中国·武汉）　电话：（027）81321913
　　　　　武汉市东湖新技术开发区华工科技园　邮编：430223
录　　排：华中科技大学惠友文印中心
印　　刷：武汉科源印刷设计有限公司
开　　本：880mm×1230mm　1/16
印　　张：7.75
字　　数：164千字
版　　次：2021年10月第1版第1次印刷
定　　价：69.80元

本书若有印装质量问题，请向出版社营销中心调换
全国免费服务热线：400-6679-118　竭诚为您服务
版权所有　侵权必究

前　　言

教育部《关于全面提高高等教育质量的若干意见》指出，提高人才培养质量是高校的首要工作。相关文件提出，应明确地方高校的办学定位，把办学思路真正转到培养应用型技术技能型人才上来，转到增强学生就业创业能力上来。要提升地方高校办学水平，必须解决办学定位、学科专业特色问题，确保人才培养类型、层次与行业和区域发展需求紧密结合。本教材的编写依托地域特点和传统学科优势，将风景园林专业的设计理论知识与绘画素描知识高度融合，进行风景园林特色专业建设和复合型、应用型人才培养探索，具有鲜明的绘画特色。

本教材融合了园林知识，与后续的专业课紧密衔接。学生在掌握绘画技巧后，运用基本技法可拓展出新的表现形式。本教材让学生通过观察和动手实践，从而激发学生的思考能力和绘画表现能力，培养学生的创新意识，养成理论与实践相结合的思维方式，为后面的专业课程的学习和表现奠定基础。本教材实用性强，内容丰富详细，从最基础的园林元素画起，逐步深入。在语言讲解方面，全书没有过多的素描术语，而是用最简单直接的语言进行表述。在表现方法上，全书引入大家熟知的符号、字母、文字等，帮助学生理解绘画技巧，使学生能够更快、更好地掌握每种线型的表现形式。即使没有美术基础的学生也能掌握本教材风景素描的基本要领，能够独立描绘风景素描画作。

本教材的出版得到了桂林理工大学教材建设基金资助和桂林理工大学风景园林一级学科建设经费资助。

本教材是2020年度广西高等教育本科教学改革工程项目“基于‘专创融合’理念的园林美术课程教学改革与实践”(2020JGB207)、2020年桂林理工大学校级规划教材建设项目“风景园林素描基础”的阶段性成果。

由于作者水平和能力有限，书中难免存在不妥之处，敬请广大读者批评指正。

编　者

2021年7月于桂林

目　录

第一章
植物的素描画法

第一节　树冠的画法

植物树冠的形态包括球形、塔形、扇形等；植物的叶形包括圆形、卵形、扇形、掌形、针形等。不同形态的叶子呈现的视觉效果是不同的，我们要根据树种的不同形态和呈现的不同效果进行表现。

一、球体与树冠的素描关系（见图 1–1）

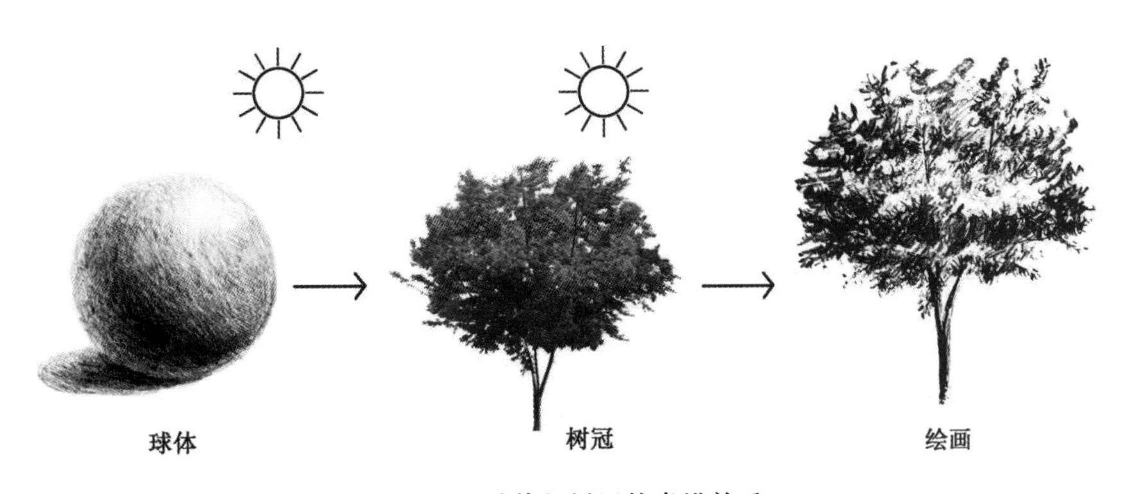

图 1–1　球体与树冠的素描关系

二、基本线型

（一）“n”形线

“n”形线适合表现近圆形和卵形叶子的树冠，这类植物很多，比如桂树、榕树等。通过“n”的大小、方向、位置上的变换来表现出树冠的形态和叶形，以及整个树冠的明暗关系（见图 1-2）。

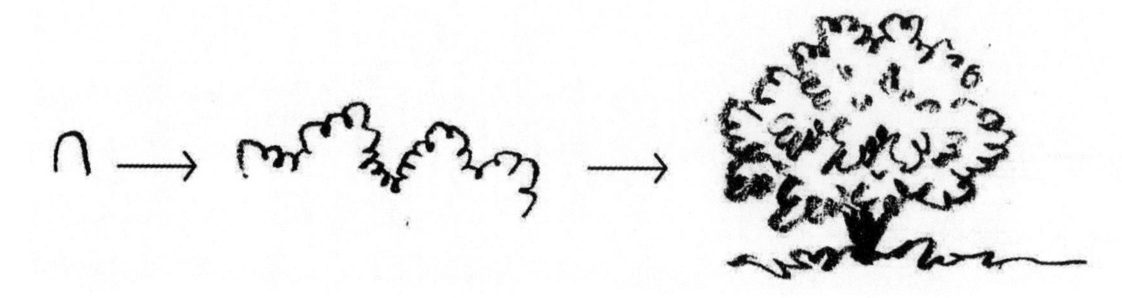

图 1-2　“n”形线

（二）“u”形线

“u”形线适合表现尖叶子的树冠，比如夹竹桃、柏树等植物。通过“u”的大小、方向、位置上的变换来表现出树冠的形态和叶形，以及整个树冠的明暗关系（见图 1-3）。

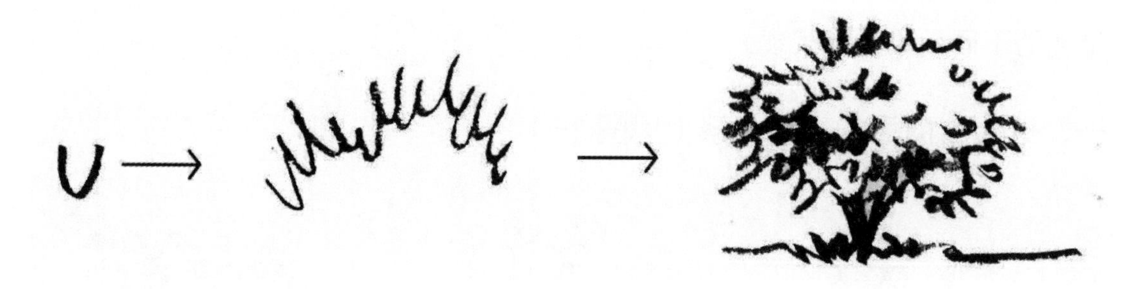

图 1-3　“u”形线

（三）“v”形线

“v”形线也适合表现尖叶子的树冠，特别是棕榈类植物，比如蒲葵、棕竹等。可以用“v”表现出整个叶片，再将这些叶片通过疏密虚实的排列组成具有明暗关系的树冠。注意“v”的长短、方向、位置上的变化（见图 1-4）。

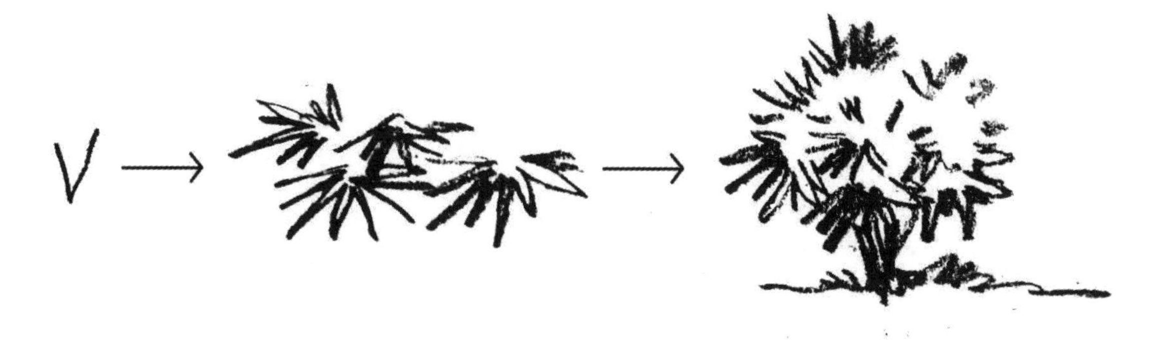

图 1-4 “v”形线

(四)“Ω”形线

“Ω”形线适合表现碎小凌乱叶子的树冠，比如银杏树、鱼尾葵等植物。通过“Ω”的大小、方向、位置上的变换来表现出树冠的形态和叶形，以及整个树冠的明暗关系(见图 1-5)。

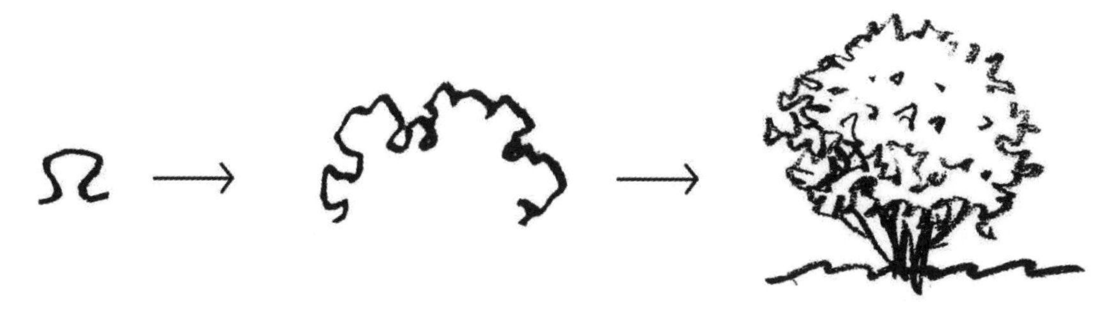

图 1-5 “Ω”形线

(五)“川”字形线

“川”字形线适合表现枝叶舒展疏松的树冠，比如桦树、苦楝树等植物。除此之外，还适合表现针叶形树冠，如松树、柏树、杉树、大王椰子树等植物。通过“川”字的大小、方向、位置上的变换来表现出树冠的形态和叶形，以及整个树冠的明暗(见图 1-6)。

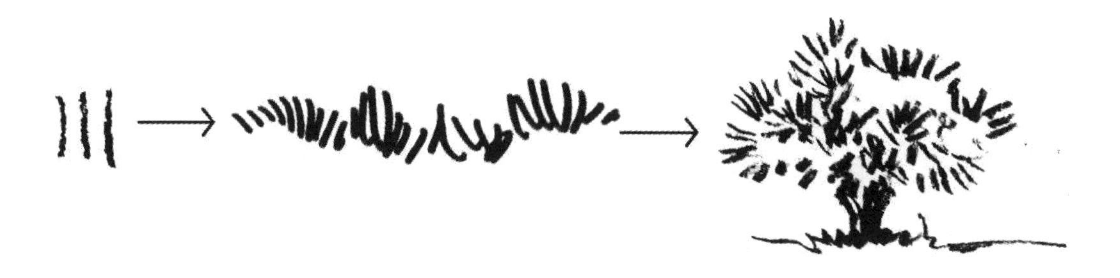

图 1-6 “川”字形线

三、典型树木的树冠表现

（一）桂树、榕树

桂树和榕树枝叶密集紧凑，较为茂盛。树冠外轮廓近圆形，叶形较圆润，在表现时适合用“n”形线和“Ω”形线。在表现中要注意由于植物分枝的特点所呈现出的枝叶会有上下和前后的关系，一般是先画上面和前面的部分，再画下面和后面的部分，因为下面和后面的部分会被遮挡（见图 1-7、图 1-8）。

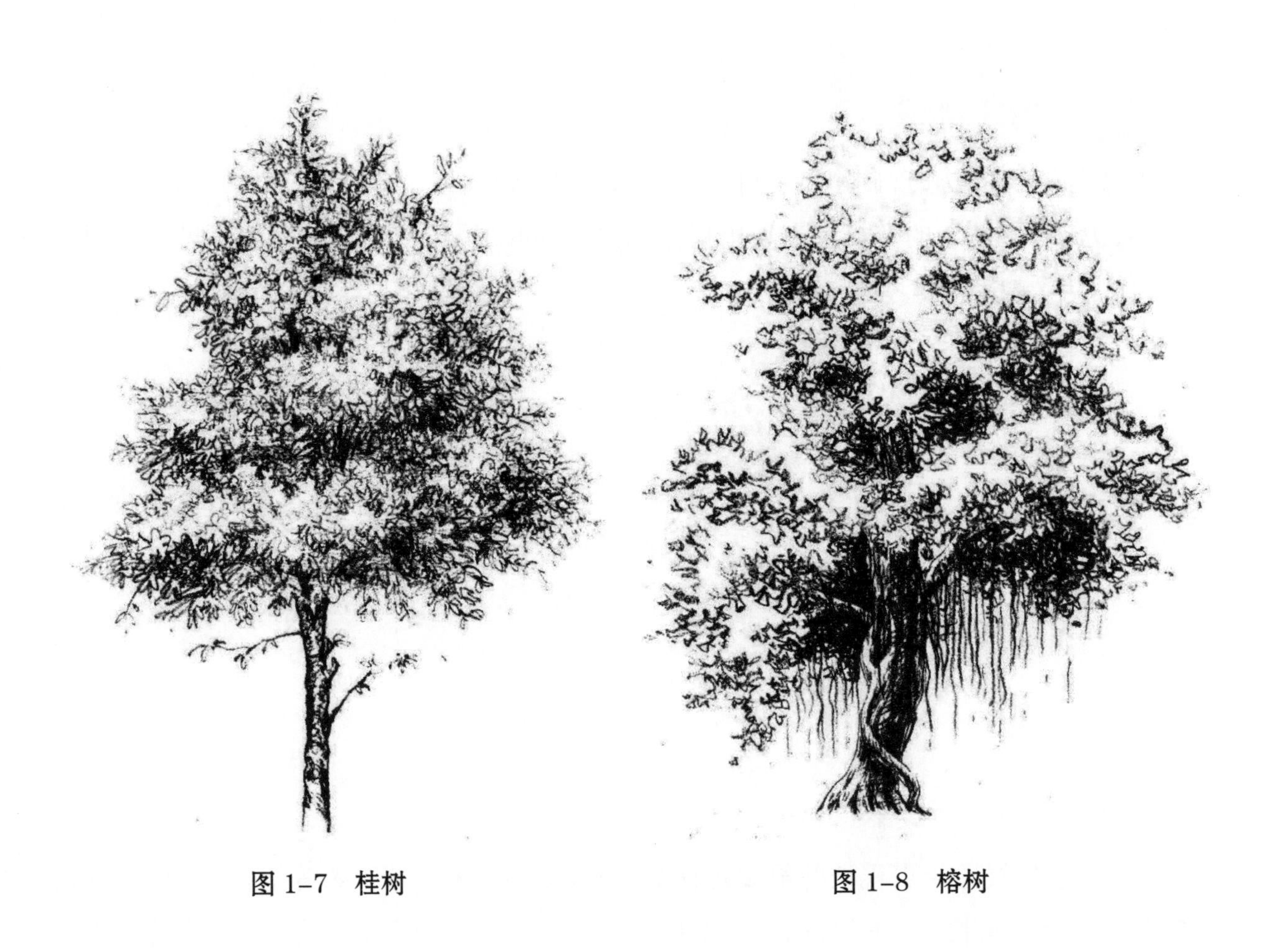

图 1–7　桂树　　**图 1–8　榕树**

（二）夹竹桃、柏树

夹竹桃叶子细长，比较尖，适合用“v”形线来表现。柏树叶子呈鳞状，小枝扁平，枝叶浓密，向上生长似火焰，适合用“u”形线来表现（见图 1-9、图 1-10）。

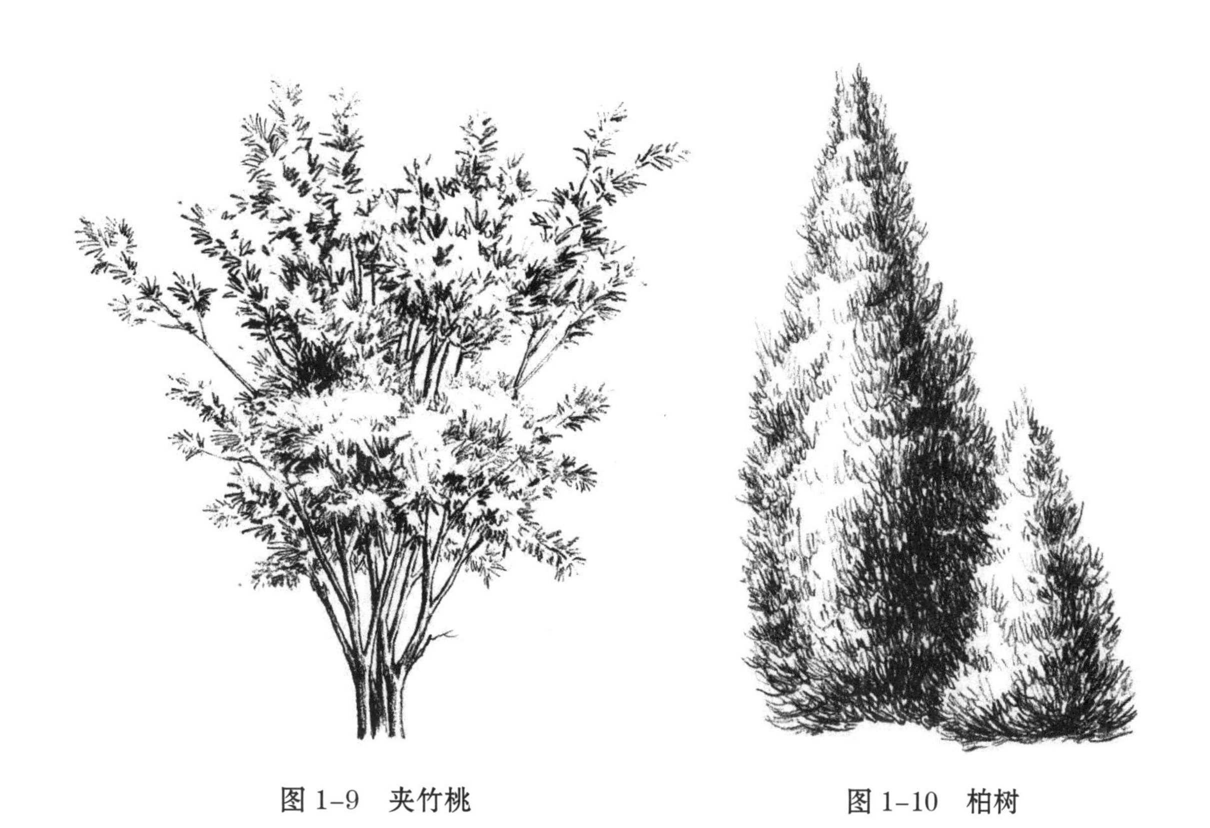

图 1-9 夹竹桃　　图 1-10 柏树

（三）蒲葵、棕竹

蒲葵和棕竹均属棕榈科植物，叶片掌状深裂，适合用“v”形线来表现。在表现时注意叶片的前后虚实关系，以使整个树冠有立体感（见图 1-11、图 1-12）。

图 1-11 蒲葵　　图 1-12 棕竹

（四）银杏树、鱼尾葵

银杏树和鱼尾葵的叶子看起来凌乱破碎，所以适合用“Ω”形线来表现。银杏树的枝叶有疏有密，在整个树冠中叶子并没有完全遮盖住枝干，所以在表现时要注意先留出漏出来的枝干，再画叶子。鱼尾葵叶片较大，但叶子开裂较深且零乱，所以也适合用“Ω”形线来表现（见图 1-13、图 1-14）。

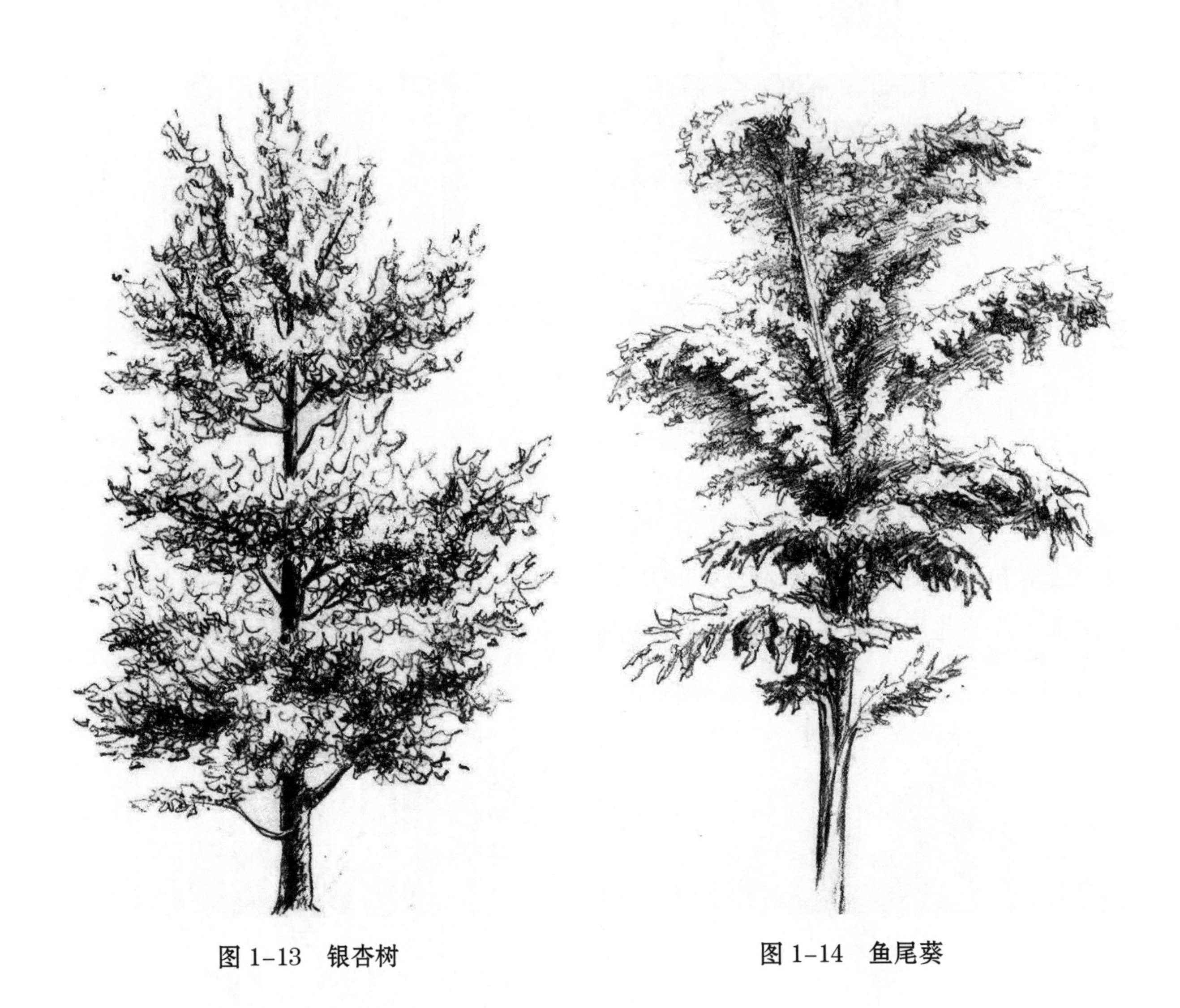

图 1-13　银杏树

图 1-14　鱼尾葵

（五）桦树、松树、大王椰子树、竹子

桦树一般树形较大，叶子显得很小，属于枝叶松散的树种，所以一般不按叶形来选择线型，而是要表现出枝叶所呈现的形态，一般采用“川”字形线更适合（见图 1-15）。这类树还有榉树、樟树、乌桕树等。

图 1-15　桦树

松树、大王椰子树和竹子的叶形看起来尖尖的、细细的、密密麻麻的，一般也采用“川”字形线来表现。在表现中通过“川”字形线的变化来画出不同植物的叶形和树冠的形态（见图 1-16 至图 1-19）。

图 1-16　雪松　　　　图 1-17　黑松

图 1-18　大王椰子树

图 1-19　竹子

四、表现基本线型时易出现的问题

表现基本线型时易出现的问题如图 1-20 所示。

图 1-20　表现基本线型时易出现的问题

思考与尝试：

选择一棵树，分别用 5 种基本线型进行表现，观察一下会发生怎样的变化。

第二节　枝干的画法

一、乔木枝干的画法（见图 1-21）

乔木主干明显，侧枝围绕主干向外伸展生长。在表现时要注意整棵树枝干的空间感，注意前后左右的关系，不能只有左右方向的枝条，那样会缺少立体感。

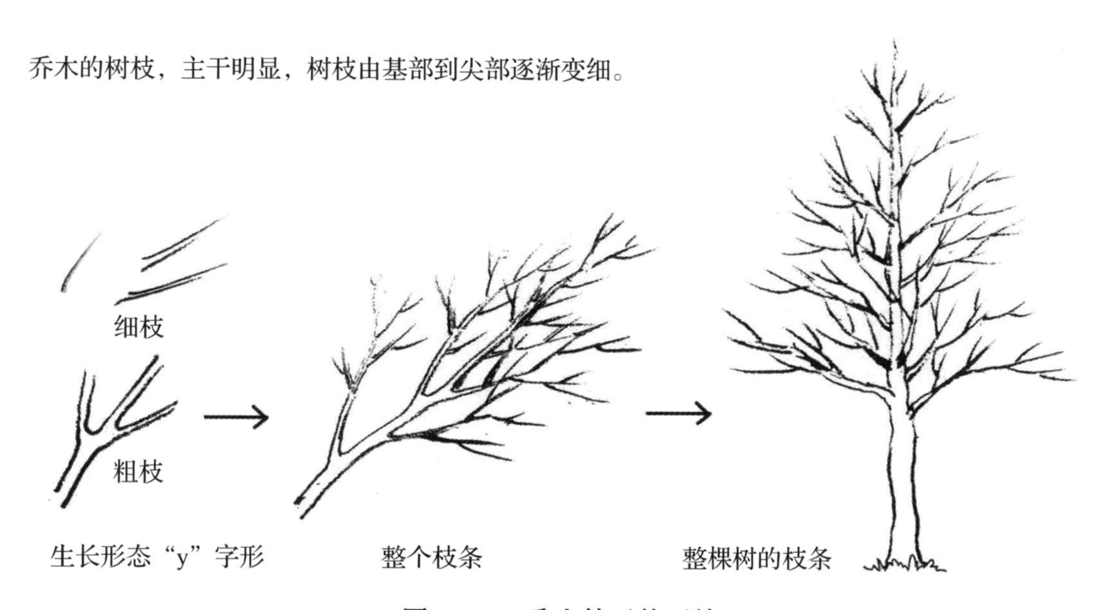

图 1-21　乔木枝干的画法

二、灌木枝干的画法（见图 1-22）

灌木主干不明显，往往成丛生长。在表现时根部聚拢且向上发散式生长，同样也要注意空间感，由于灌木一般成丛或成片，枝条密集，要注意枝条前后的遮挡，画出立体感。

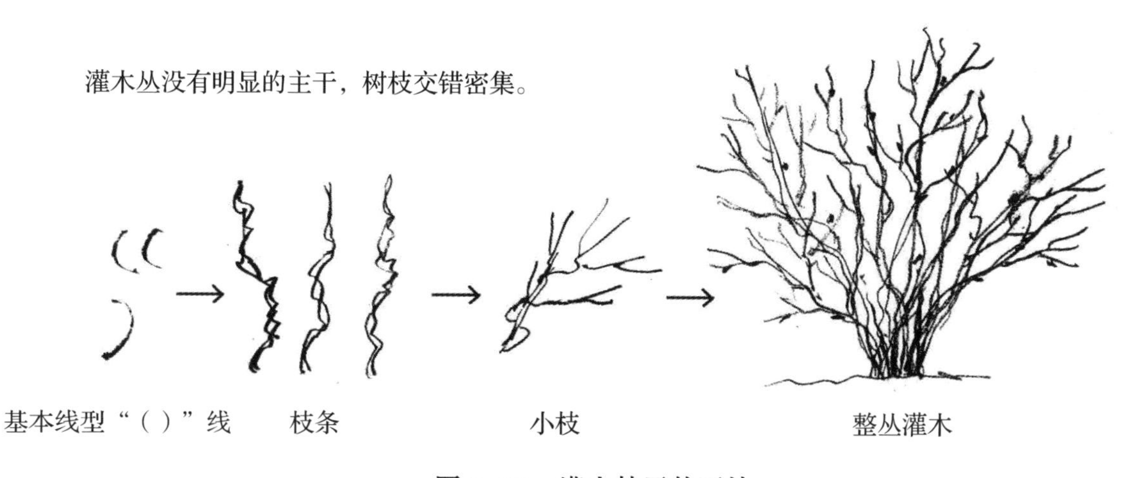

图 1-22　灌木枝干的画法

三、典型树木的枝干表现

（一）灌木：紫荆、绣球

紫荆的树干丛生，枝条密集，老干较弯曲。在表现中适合用“（）”线画主干。绣球到了冬季，草质茎部分枯萎脱落，只有多数木质茎呈放射式丛生形成一圆形灌丛，所以冬季的绣球分枝不多。在表现时注意前后的遮挡，画出成丛的立体感（见图 1-23、图 1-24）。

图 1-23　紫荆枝条

图 1-24　绣球枝条

（二）乔木：紫玉兰、桦树、柳树

紫玉兰树形不大，主干明显，枝条不算密集，一般都是向上弯曲生长。分枝呈“y”形。桦树树形较高，主干明显，分枝较多，枝条密集。柳树枝条纤细柔软下垂，具有动感（见图 1-25 至图 1-27）。

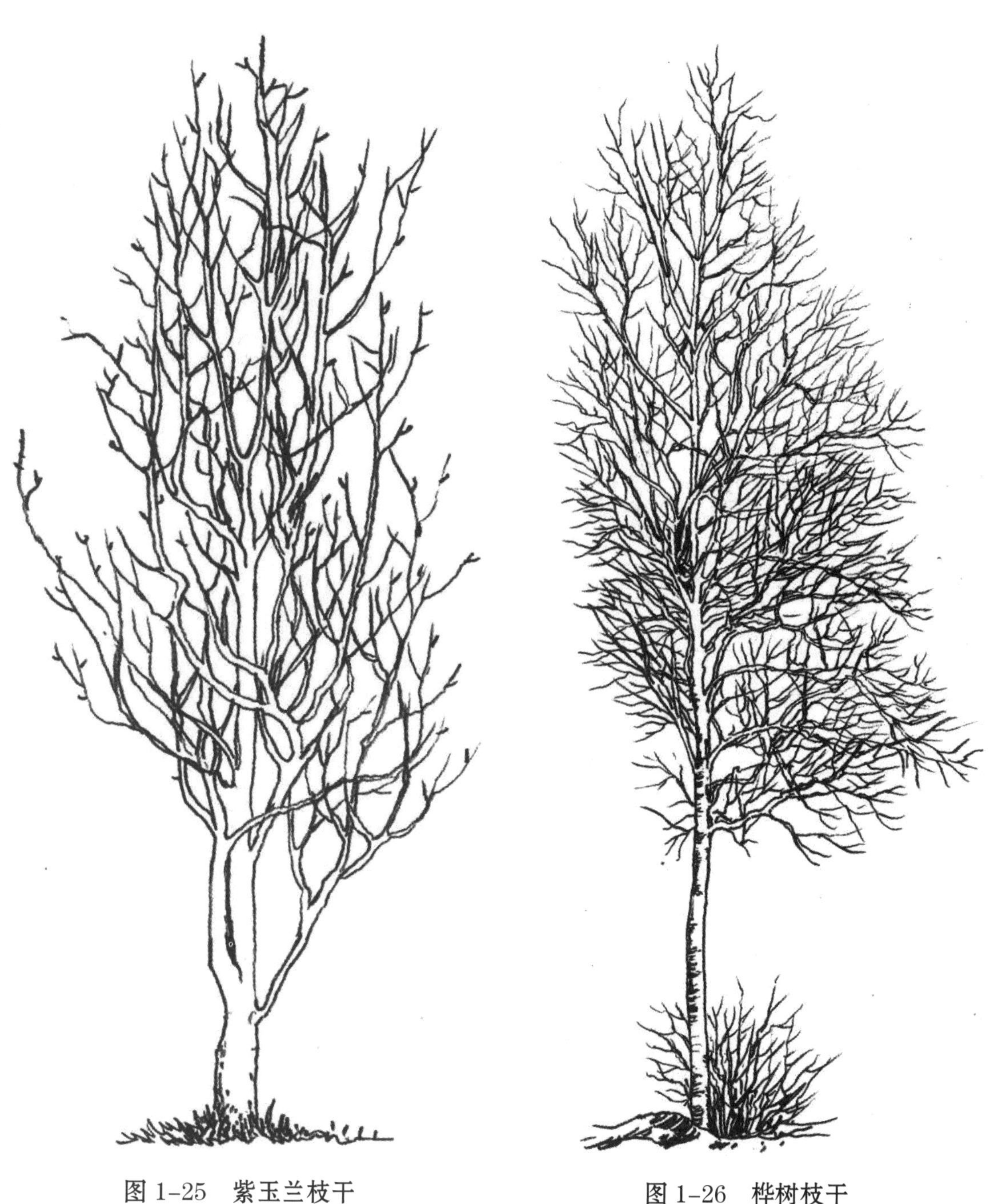

图 1-25　紫玉兰枝干

图 1-26　桦树枝干

图 1-27　柳树枝干

思考与尝试：

植物的枝干千姿百态，想一想还有什么方法可以表现枝干？对于藤本植物的枝干应该用哪种方法来表现，试着画一下。

第三节　草本植物的画法

草本植物一般都是成丛成片地生长，所以在表现时不能每棵草都进行刻画，要简略和概括。特别是成片的草本植物，更要虚中有实，实中有虚（见图 1-28）。

一、虚画法

在画面中，草本植物处于远处或作为点缀主景的可用虚画法来表现。所谓虚画法，就是概括表现，草本植物具体的叶形、枝条不做详细刻画。大片草本植物，要注意亮部的留白，还有远处的省略。虽然整片草地在远处，也要有虚实、明暗的对比。

图 1-28　**草本植物的远近虚实**

二、实画法

在画面中，草本植物处于近处或作为主景的可用实画法来表现。所谓实画法，就是将草本植物的叶形、枝条以及生长形态都要仔细刻画，多种草本植物生长在一起会很杂乱，要特别注意前后关系的处理，体现出空间感。虽然是近处的草，但也不能面面俱到，同样要注意虚实、明暗的对比。

思考与尝试：

草本植物的种类繁多，叶形各式各样，试着表现成丛的海芋或者绣球，思考用哪种线型来表现叶片，用什么处理手法来表现整丛植物的立体感？

第四节　植物风景素描作品

在植物风景素描作品中，有可能整幅画里全部是植物，那么就要分清哪些植物是主体，哪些植物是配景。确定好之后将主体实画配景虚画。如果要表现林中的几棵树，那么这几棵树就是焦点，要放到画面的主体位置，并详细刻画，其他树作为配景做虚画处理。这就像我们平时拍照，当镜头聚焦在一个人的身上，拍出的照片只有人是实的，是清晰的，而其他的景物是虚的，模糊不清的。这里面人是主体，其他景物是配景。通过对主体植物明暗的深入刻画来塑造主体对象的体积感。在表现时不断调整，有序取舍，突出主体。在植物风景画素描中，我们不但要充分地表现客观世界，还要加入自身的感受，刻画植物自身形态的同时还要强调整个画面给人的心理感受。在表现树木时，在线稿上添加光影，其作用是为了更好地表现树干的质感以及不同树木特有的树皮形态（见图 1-29）。

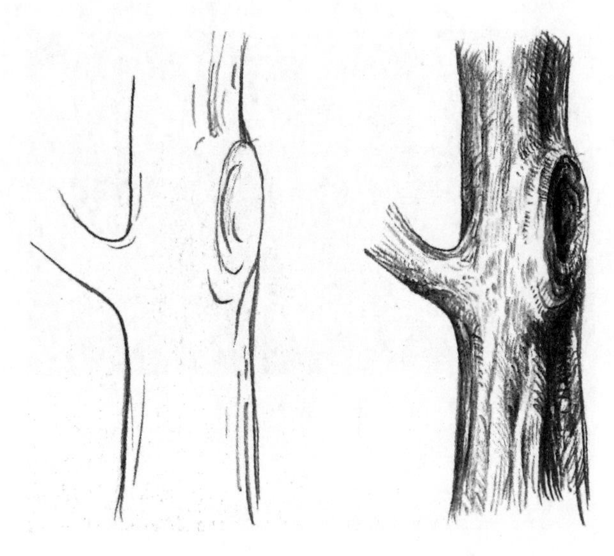

图 1-29　树干的光影与质感

在实际绘制中，可运用橡皮擦涂的技法进行植物的质感表现，但擦涂并不是最终的表现手段，在擦涂后仍需要用铅笔进行细致的刻画。植物风景素描作品如图 1-30 至图 1-36 所示。如图 1-34 中的草是擦出来的，然后再细致刻画，画出草的明暗关系，加强立体感。

思考与尝试：

从图 1-30、图 1-31 中任选一张进行临摹，并加入相应的元素，使画面更丰富完整。

图 1–30 植物风景素描作品（1）

图 1–31　植物风景素描作品（2）

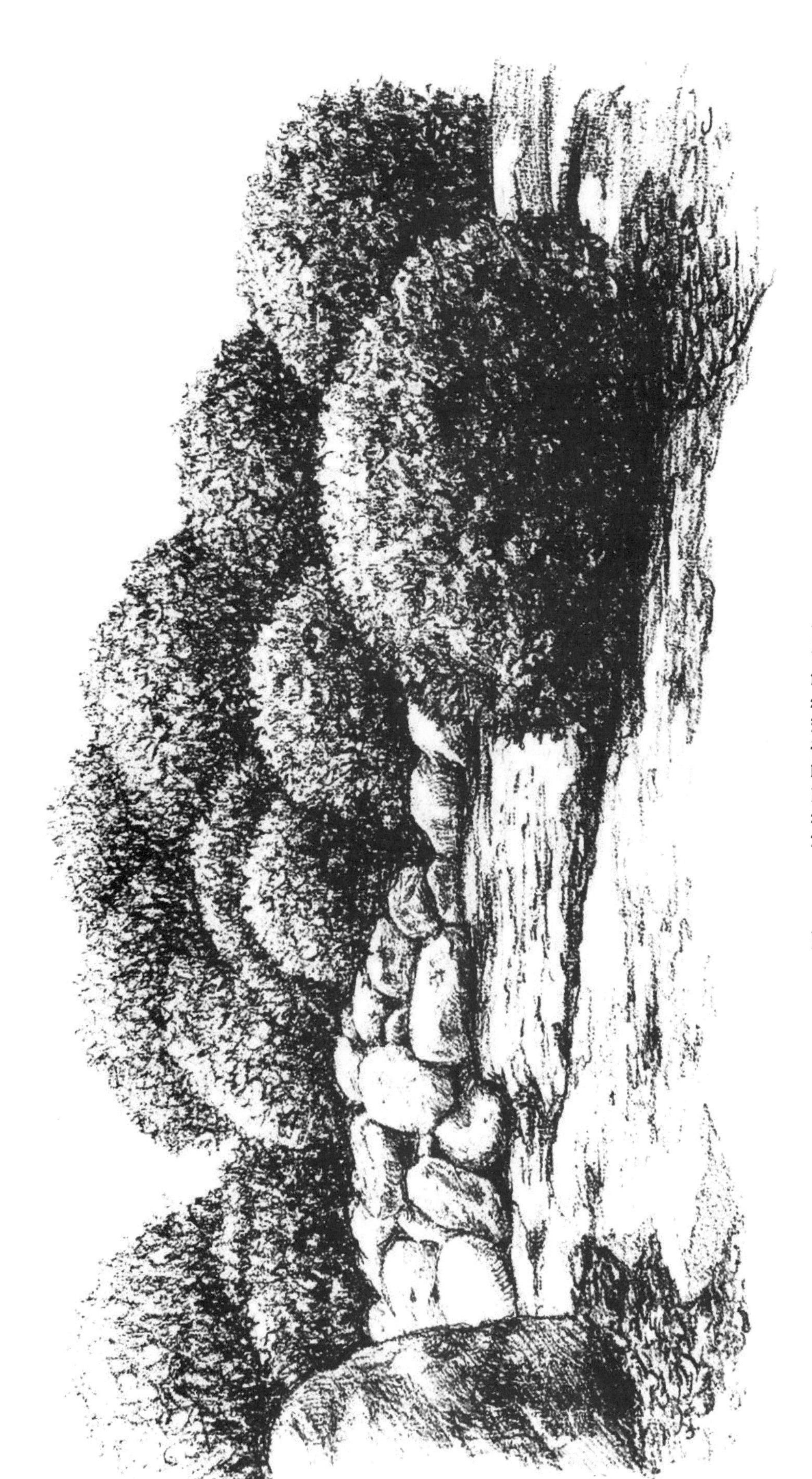

图 1-32 植物风景素描作品（3）

图 1-33　植物风景素描作品（4）

图 1-34　植物风景素描作品（5）

图 1–35　植物风景素描作品（6）

图 1-36　植物风景素描作品（7）

第二章
水体的素描画法

第一节　静态水的画法

一、基本线型

（一）水平线“—”

水平线的特点是水面比较平静时水面呈水平如镜的效果（见图 2-1）。

图 2-1　水平线“—”

（二）波浪线“～”

波浪线的特点是有风吹过时水面呈波光粼粼的效果（见图 2-2）。

图 2-2 波浪线“～”

二、倒影的画法

水面往往都是通过画出周围景物的倒影来体现的，除了以上两种基本线型的画法，还有其他多种表现方法。

（一）折线“Z”和波浪线“～”表现水面倒影

按照岸边景物的形状用折线“Z”和波浪线“～”概括画出。一般靠近景物的地方比较暗，往下越来越淡（见图 2-3）。

图 2-3 折线“Z”和波浪线“～”表现同一景物的水面倒影

（二）用岸上景物的线条虚化水面倒影

只在水面将周围景物的倒影用虚画法表现模糊朦胧的效果，其他地方留白，可以表现出平静的水面（见图 2-4）。

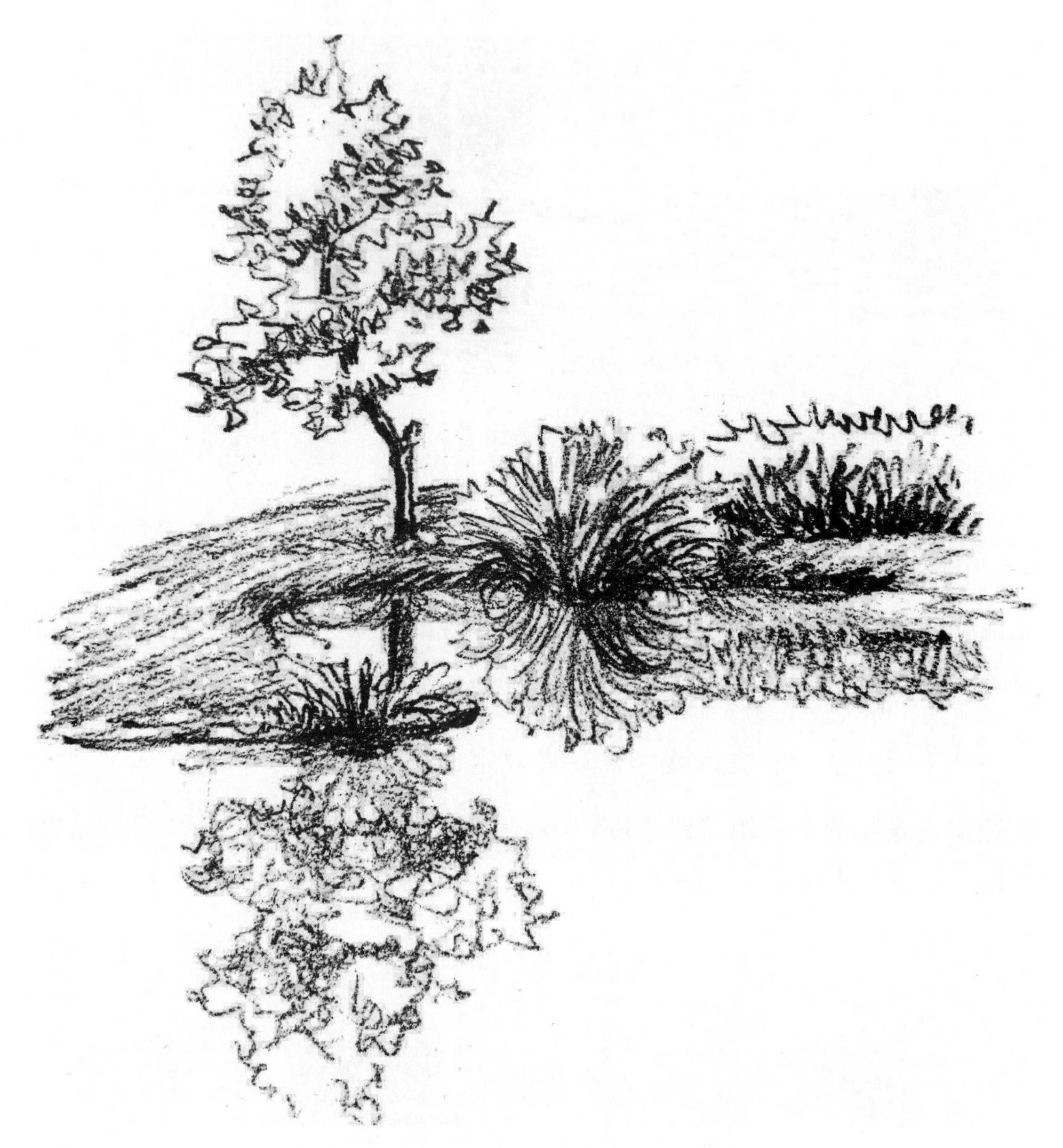

图 2-4　用岸上景物的线条虚化水面倒影

（三）用直线表现水面倒影

用水平直线“—”和竖向直线“|”画出水面倒影。在表现时注意直线的疏密关系，一般倒映周围景物的地方排线密集，比如岸边的山石、树木、建筑等；而倒映天空的地方少排线，多留白，有些比较宽阔的水面，倒映天空的面积比较大，可以全部留白，来体现水面的广阔无垠（见图 2-5、图 2-6）。

图 2-5 用水平直线"—"表现水面倒影

图 2-6 用竖向直线"|"表现水面倒影

思考与尝试：

还可以用什么方法来画水面倒影？

第二节　动态水的画法

一、基本线型

（一）弧线

弧线表现水流动的形态，比如溪流或瀑布中被石头阻碍的水，会顺着石头滑落或向外溅起，都适合用弧线来表现（见图 2-7）。

图 2-7　弧线表现滑落的水

（二）直线

直线适合表现瀑布，“飞流直下三千尺，疑是银河落九天”恰好说明了瀑布的水体形态（见图 2-8）。

图 2-8 直线表现瀑布

（三）波浪线

波浪线适合表现冲力弱的喷泉和涌泉，水从泉眼喷出来和涌出来的时候会形成凹凸不平的形态，适合用大小和长短不一的波浪线来表现（见图 2-9）。

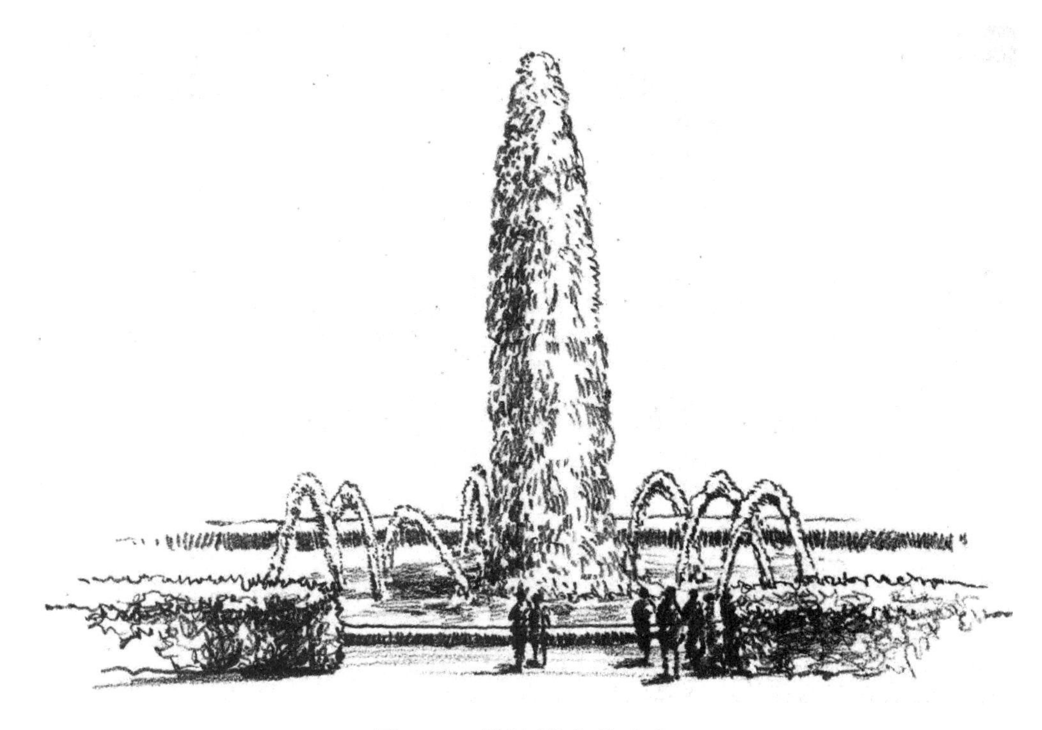

图 2-9 波浪线表现喷泉

要特别提醒，画喷泉和瀑布时要注意水体的立体感，水流动和喷涌时会形成圆柱体、圆锥体等几何形态，要注意光源的位置，画出明暗面。

思考与尝试：

尝试用学过的线型来表现其他不同的水体景观。思考还有什么线型可以表现水体，尝试画一下。

第三节　水体风景素描作品

好山好水好风光，大自然的美景浑然天成，所以在人造景观中也会模仿自然的山水进行造景。

一般来说，水体很少单独成画，都是与周围的其他景物一起构成画面，所以要考虑景物与水的相互关系，如主次对比、明暗对比、虚实对比等。

水有江、河、湖、海、瀑布、山溪之别，其画法亦相应有所不同。江宜空旷，河宜苍茫，湖宜平远，海宜浩瀚，瀑布宜奔放，山溪宜潺缓。在画的时候，一方面通过不同的水纹变化来显现，另一方面可根据岸边景物的特征及水中船只、水榭等景物来体现。

江河是动态的水，画时要注意线条有急有缓，有松有紧，时曲时折，把水的动感和气势画出来。要把握好水的整体气势，水流的变化、走向要统一而有节奏，显现出水的流向及动感。

海水是浩瀚和汹涌澎湃的，水面多有波浪，风大时还有巨浪，山崖、礁石旁的海水浪花更是变化丰富。画时可用颤笔及变化较多的线条来勾画出海水浪花的起伏变化，用笔有力量才能更好地表现出海水的动感和气势。

湖水较海水平缓，湖水给人的感觉是轻盈平静，弥漫广远，水波浩渺，画法上最宜用波浪线或水平直线画出网纹和鱼鳞纹来体现。湖水一般水面较大，因此要处理好大面积的水纹效果，连续描绘时注意水纹的大小要统一，水纹的变化要自然生动，最忌死板生硬。

图 2-10 至图 2-12 为水体风景素描作品。

图 2-10　平静水面的表现

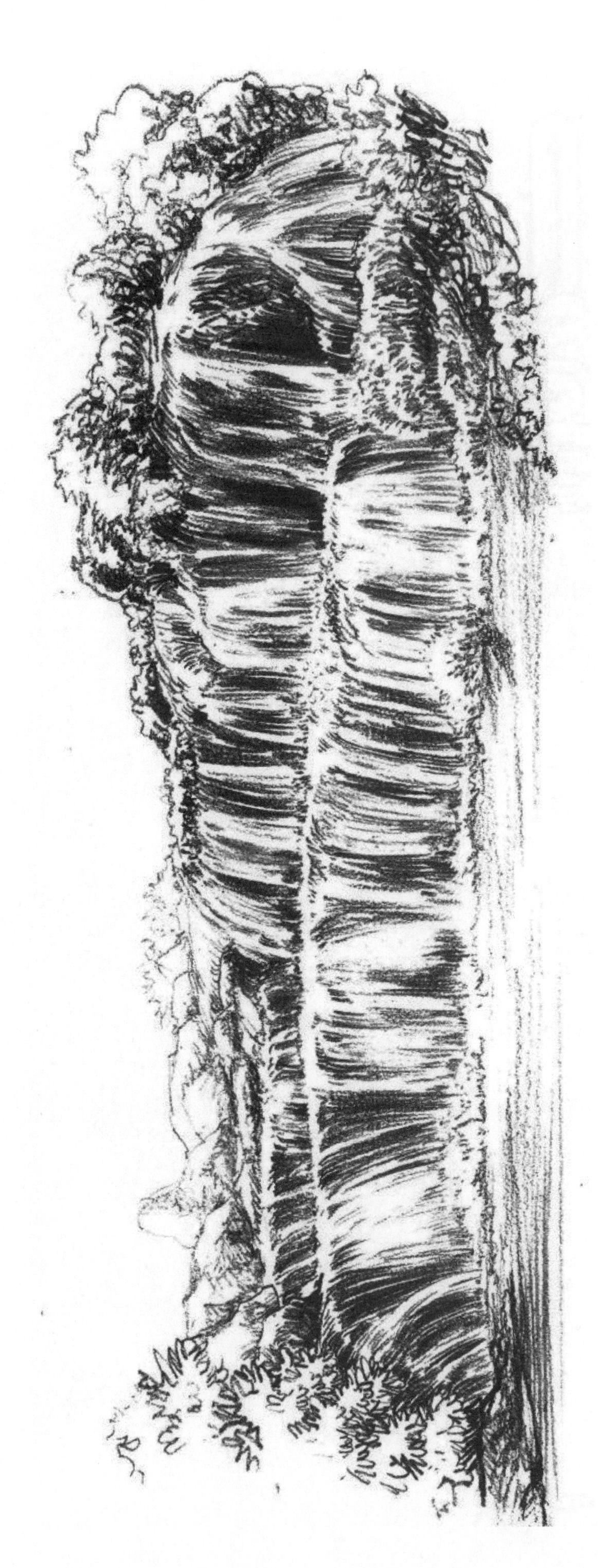

图 2-11　瀑布的表现

图 2-12 溪流的表现

思考与尝试:

思考冲力强的喷泉用什么线型来表现，试着表现一下。

第三章
山石的素描画法

第一节　山的画法

一、远山的画法

远处的山一般是连在一起的山脉和群山，或高低起伏，或层峦叠嶂，时隐时现，有着优美的姿态。远处的山在画面中一般作为背景，采用虚画法的形式来表现，需要主观减弱对比，可以采用轻轻平涂的方法画出大体的明暗，无需画出具体的细节。

二、近山的画法

画近景的山，要注意形和体的关系。首先形态上要自然，山是自然生成的，不能画得太机械、呆板；体感上可以用圆锥体素描关系来分析和解释。表现时要注意取舍，虽是近山，但是如果要看到山的整个面貌，还是需要一定距离的，所以无需面面俱到。

远山和近山的表现如图 3-1、图 3-2 所示。

图 3-1　远山和近山的表现——平缓的山

图 3-2　远山和近山的表现——陡峭的山

思考与尝试：

一般在表现山景的画面中，山体都会处理成深色，天空往往留白或淡化。尝试画一幅雪山的素描作品，思考山体与背景的明暗关系和处理手法。

第二节　石头的画法

在表现石头时要体现出石头的肌理和造型，注意石头的质感、体积感、重量感及明暗关系，注意受光面和投影的细节处理，还要注意笔法技巧等。自然的石头多是不规则的，有圆润的，也有有棱角的。而人工的石头多为规则的，可以按照几何形体的明暗关系来表现（见图 3-3 至图 3-5）。

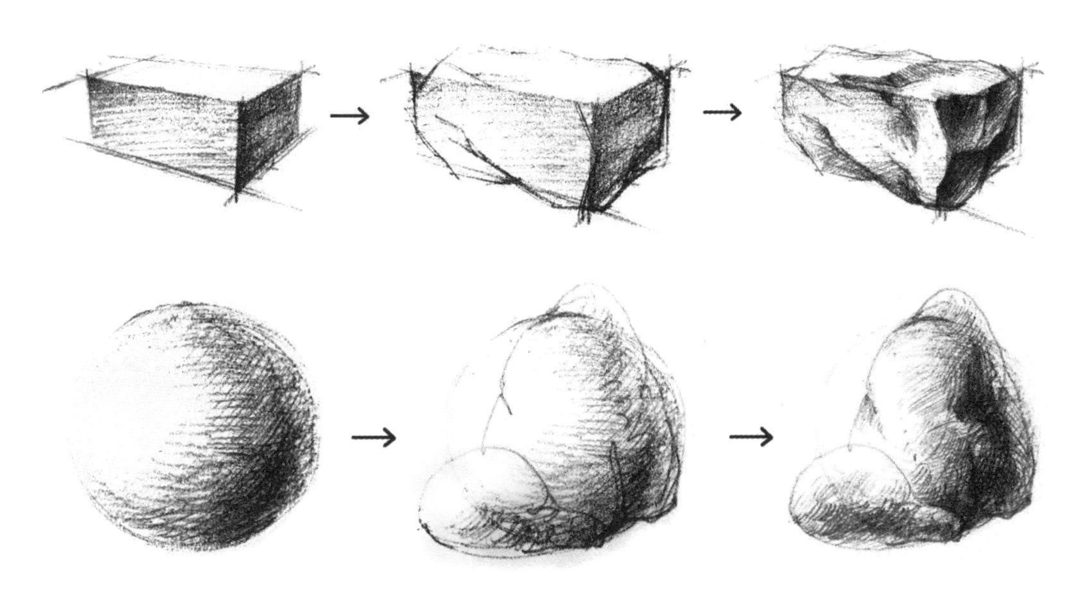

图 3-3　几何形体与石头的素描关系

图 3-4　不规则石头的表现

图 3-5　有棱角的石头和圆润的石头的素描

思考与尝试：

太湖石假山的素描表现与哪种几何形体的素描关系较为接近？尝试表现一幅太湖石假山的素描作品。

第三节　山和石的风景画素描作品

在一幅作品中，山体和石头都不会是个单体，一般会成组、成片或与其他景物构成一个画面，所以在表现的时候要注意前后和大小的虚实关系，还有主体山石景物与天空和地面的处理手法。一般的规律是前实后虚，主景实、配景虚，实可以理解为详细刻画，虚可以理解为概括刻画。图 3-6 至图 3-8 为山和石的风景画素描作品。

图 3-6　山体素描作品

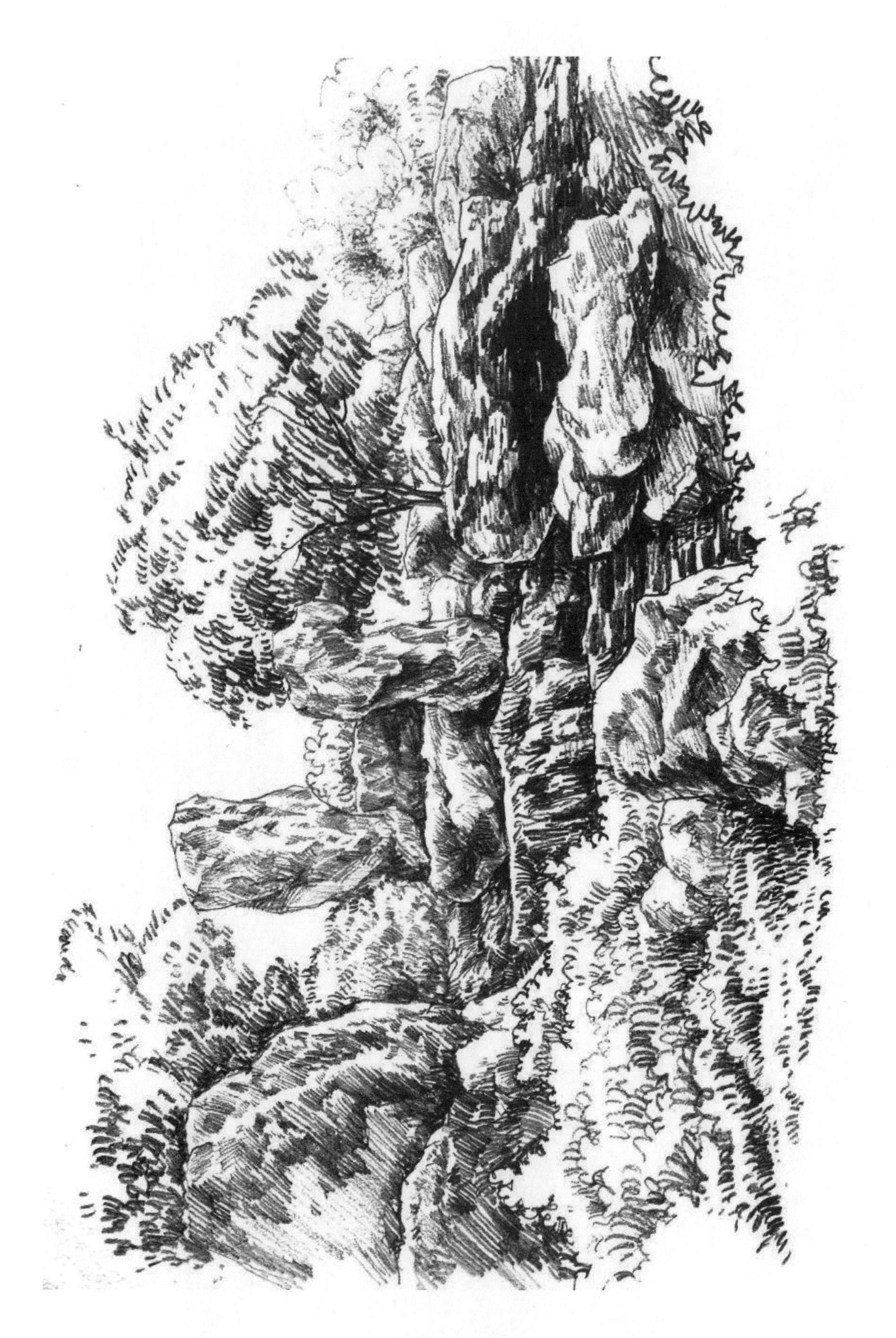

图 3-7 假山置石素描作品

图 3-8　石墙素描作品

思考与尝试：

无论是山还是石头都有其长期形成的脉络和肌理，在素描表现过程中要思考它们在画面中的角色，尝试表现不同的山体。

第四章

地面和天空的素描画法

第一节　地面的画法

在风景素描中多为土石地面、山坡地面、草地或铺装材质地面等。由于阳光的照射，一般地面上会有树或者其他景物的影子，在表现时要画出影子的斑驳感。近处的路面进行详细刻画，逐渐向远处虚化，更远的地面材质也可以省略不画（见图 4-1、图 4-2）。

图 4-1　草及土石地面的表现

图 4-2　铺装材质地面的表现

思考与尝试:

在园林造景中，人工的路面材质较多，尝试表现鹅卵石和不规则碎拼路面。

第二节　天空的画法

天空在画面中占的面积不一定大，但是在画面的构成中是不可或缺的一部分，使画面形成深远的空间感。在表现时可以将蓝天画成灰调，云留白或用橡皮擦出亮面，云也有明暗关系，受光的部分是亮面，背光的部分是暗部，要画得蓬松点（见图 4-3）。

图 4-3 天空的表现

思考与尝试：

云是丰富天空层次的必要元素。云的形式多样，有大朵成棉花状的白云，也有乌云密布的积雨云，也有如烟雾般稀薄的云。尝试用不同方法表现不同形式的云。

第三节 地面和天空风景素描作品

并不是所有的风景素描作品都需要画出天空，有些画面中的景物已经很丰富、很有层次感了，天空可以留白不画。而地面一般或多或少都是要表现的，不然感觉画面不完整。所以天空和地面的表现要根据画面的需要来选择画还是不画，多画还是少画（见图 4-4 至图 4-7）。

图 4-4　天空和山坡的表现

图 4-5　天空和草地的表现

图 4-6　天空和水面的表现

图 4-7 石板路面的表现

思考与尝试：

随意选一张有层次的天空或者有材质的路面进行表现，尝试用新的表现手法体现蓬松的云朵和坚硬的路面材质。

第五章

园林景观透视原理

第一节　基本透视原理

一、平行透视

平行透视即一点透视，只有一个消失点，在透视制图中的运用最为普遍。平行透视场景中，有一个消失点和两组线，其中一组是原线，即垂直线和水平线，互相平行没有消失点；另一组是变线，即消失于消失点的线，也叫透视线。

以方体为例，如图 5-1 所示。

二、成角透视

成角透视即两点透视，有两个消失点，就是景物纵深与视中线成一定角度的透视。在成角透视场景中，有两个消失点和两组线，其中一组是原线，即垂直线，互相平行没有消失点；另一组是变线，即消失于两个消失点的透视线。

以方体为例，如图 5-2 所示。

图 5-1 方体的平行透视

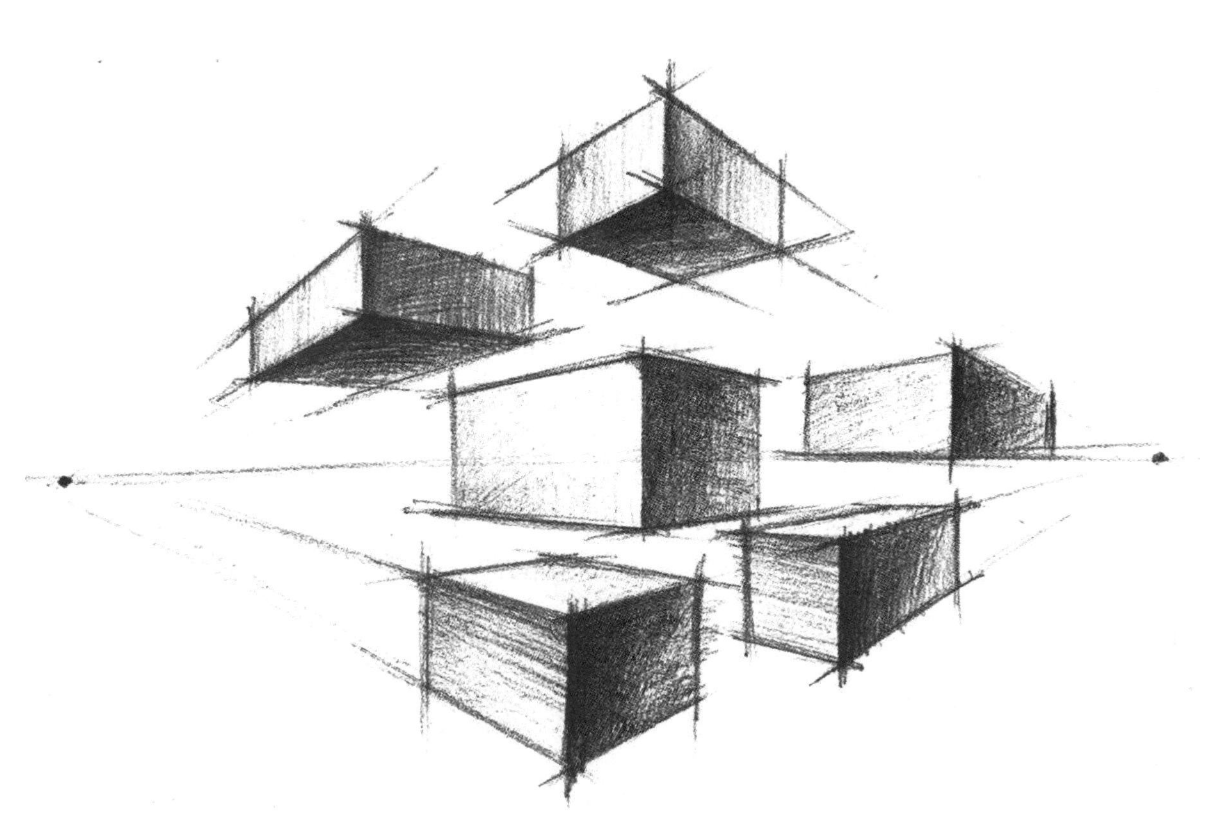

图 5-2 方体的成角透视

三、倾斜透视

倾斜透视即三点透视，有三个消失点，多用于仰视和俯视的风景绘画作品中。在倾斜透视中，有三个消失点，没有原线，有三组变线分别消失于三个消失点。在仰视画面中有一个消失点在上面；在俯视画面中有一个消失点在下面。

以方体为例，如图 5-3 所示。

图 5-3　方体的倾斜透视

四、坡屋顶透视

坡屋顶的向上的透视线是向天空倾斜最终消失于一点，我们称为天点。天点越高，屋面的倾斜角度越大，屋顶就越陡；天点越低，屋面的倾斜角度越小，屋顶就越平（见图 5-4、图 5-5）。

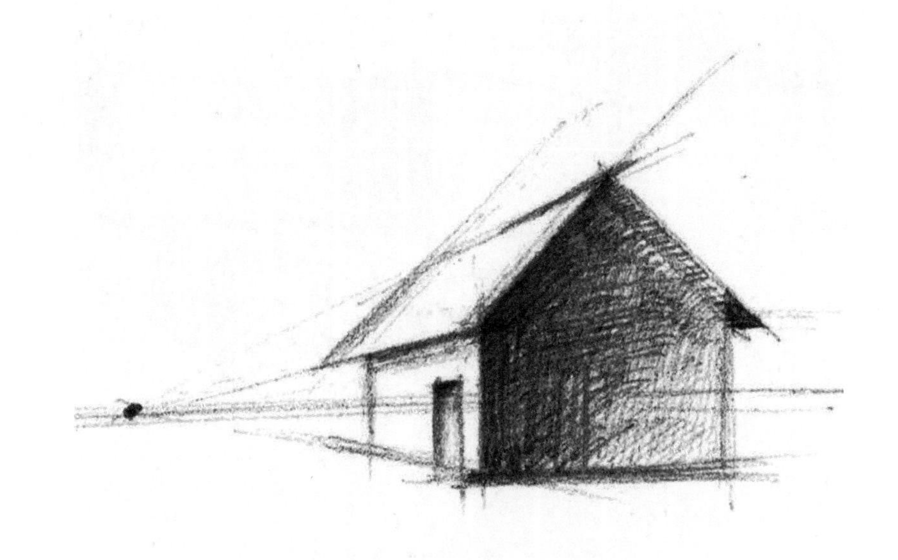

图 5-4　一点透视中的坡屋顶

图 5-5　两点透视中的坡屋顶

思考与尝试：

圆形的透视原理是怎样的？尝试画出在平行透视和成角透视中的圆形。

第二节　风景园林透视作品

园林透视所表现的对象主要是树木花草、山石水景、园路以及建筑小品等。一幅画面通常由近景、中景和远景构成。近景树木不宜多，但应细致刻画出枝叶、树干的纹理等特点，近景花草也应仔细勾画出来。远景多以树丛、云山、天空等来衬托，远山无山脚，只表现山势起伏，远景树只须画出轮廓剪影。中景经常是重点描绘的地方，园林建筑物一般都位于中景。在表现时画面中的景物只有大体的尺寸和形状，因此风景园林透视与建筑透视相比，有一定的灵活性。

本节的透视不做过多讲解，学生能够准确识别和运用透视来表现园林作品，不出现透视错误即可。在平视表现中，平行透视和成角透视用得较多，比较符合人们的一般视角，也较容易掌握。图 5-6 至图 5-8 为风景园林透视作品。

图 5-6　成角透视 + 坡屋顶透视——侗寨木屋和风雨桥

图 5-7 成角透视——桂林理工大学机械与控制工程学院

图 5-8 倾斜透视 + 坡屋顶透视——侗寨吊脚楼

思考与尝试：

尝试用学过的透视原理来表现不同风格形式的园林建筑和构筑物，比如画一个中式的六角亭或者欧式的穹顶亭的透视关系。

第六章

园林建筑与园林小品的画法

第一节　园林建筑的画法

一、亭子

景观亭主要供行人休息、乘凉或观景用。亭一般为开敞式结构，没有围墙，顶部可分为六角形、八角形、圆形等多种形状。广泛应用于园林造景之中。亭在园景中往往是个“亮点”，起到画龙点睛的作用。园中设亭，关键在位置，一般多设在视线交接处，所以在画面中作为主景来表现，配以周围的花草树木形成一幅完整的作品。在表现时要注意亭子的结构和材质的刻画（见图6-1）。

二、廊架

廊架是供游人休息、景观点缀之用的建筑体，与自然生态环境搭配非常和谐。经常配以藤本植物设计布置，既能满足园林绿化设施的使用功能又美化了环境，深得人们喜爱。由于廊架的通透性，所以顶面的结构比较复杂，在表现时要注意前后的虚实关系，还有植物在廊架上的攀附性所形成的空间感，即植物所形成的庇荫效果（见图6-2）。

图 6-1　亭子的素描表现

图 6-2　廊架的素描表现

三、桥

桥在景观环境中，与景观道路系统相配合，联结游览路线与观景点，组织景区分隔与联系。在表现时要注意桥的形态、结构和材质。桥往往与水共同形成画面，要注意桥在水中倒影的刻画（虚画）（见图 6-3、图 6-4）。

图 6-3　桥的结构素描表现

图 6-4　桥和周边景物与水面倒影的素描表现

四、建筑

在风景素描中经常会对一些古建筑、民族建筑、乡村建筑以及现代建筑进行写生，这些建筑的材质一般是木结构、土石结构和钢筋混凝土结构。其中，古建筑和民族建筑造型复杂，所以在表现时要特别注意透视关系和明暗的处理（见图 6-5 至图 6-7）。

图 6-5　**古建筑的素描表现**

图 6-6　民族建筑的素描表现

图 6-7 现代建筑的素描表现

思考与尝试：

园林建筑多指在园林造景中有一定使用功能并且体量稍大的建筑物，建筑本身有一定的空间感，表现时注意建筑空间的透视关系。尝试表现乡村风格的土石建筑。

第二节　园林小品的画法

园林小品具有精美、灵巧和多样化的特点，分为休息小品、装饰小品、照明和展示小品、服务小品等。在素描绘画中可以作为小场景的主景来表现。以下重点讲述几种园林小品。

一、休息小品

园林中的休息小品包括园桌、园凳、园椅、树池座椅等供休息用的设施。这些休息小品有着不同的材质和造型，在表现时要注意刻画出质感和形体结构（见图 6-8、图 6-9）。

图 6-8　木质园椅的素描表现

图 6-9 现代树池的素描表现

二、装饰小品

园林中的装饰小品包括雕塑、花钵、陶罐等具有装饰效果的摆件设施，这些小品造型、风格迥异，在表现时要体现出它们的趣味性和生动性，也是园林中的点睛之笔（见图 6-10）。

图 6-10 装饰小品的素描表现

三、照明和展示小品

园林中的照明小品一般是指灯具，除了我们常见的庭院灯外，还有造型独特的灯具，这些在画面中都可以作为小场景画作的焦点，然后将周边的景物画出。

园林中的展示小品包括指示牌、路线图、园区介绍展示架、景观墙等设施。特别是景观墙，一般都会有特定的主题和文化，或内容丰富，或造型别致，在刻画的时候要注意造型的把握和细节的虚实处理。图 6-11 所示为照明和展示小品的素描表现。

图 6-11　照明和展示小品的素描表现

思考与尝试:

园林小品体量小，种类和形式多样，风格迥异。思考还有哪些园林小品并尝试画出来。

第三节 园林建筑与园林小品风景素描作品

中国的园林建筑历史悠久，在世界园林史上享有盛名。园林小品也是种类丰富，形式多样的。园林建筑和园林小品有十分重要的作用。它们可满足人们生活享受和观赏风景的愿望。中国自然式园林，其建筑一方面要可行、可观、可居、可游，另一方面起着点景、隔景的作用，使园林移步换景、渐入佳境、以小见大，又使园林显得自然、淡泊、恬静、含蓄，这与西方园林建筑的布局和造景形式有着不同之处。对园林建筑和园林小品的认识是从外观形式符号开始的，只有充分了解它们的形式及符号，才能进行生动描绘。在风景园林素描作品中，可以先确定作为主景的园林建筑或园林小品的位置，然后再勾勒出轮廓和结构，适当添加阴影，增加立体感，以及增强景物各自的质感。可以通过细化近景和虚化远景中的景物，如树木、草花、山体等来烘托景观建筑和景观小品。在园林建筑和园林小品的风景素描表现中，除了要注意对造型结构、透视和质感的把握，还要正确把握主观与客观、感性与理性、整体与局部的关系等。在结构复杂的园林建筑中，处理好光与影、明与暗、虚与实，还要注意与周围景物的穿插关系。

在风景素描作品中，园林建筑和园林小品一般都是画面中的主体，在画面中占主要位置，有的甚至可以单独成画，比如村寨里的建筑群和巷子。图 6-12 至图 6-20 所示为园林建筑与园林小品风景素描作品。

图 6-12　乡村柴房及周边风景素描作品

图 6-13　木楼巷子建筑风景素描作品

图 6-14　乡村建筑风景素描作品

图 6-15　侗族吊脚楼风景素描作品

图 6-16　景观石灯及周围风景素描作品

图 6–17 景观墙素描作品

图 6–18 树池座椅素描作品

图 6-19 假山流水素描作品

图 6-20　置石造景素描作品

思考与尝试：

在园林建筑和园林小品中，有些不规则的园林建筑和园林小品按照消失点的透视原理来表现较为困难，所以在画面中注意其近大远小的透视关系即可。参考圆形的透视原理思考下曲线的透视原理是怎样的。尝试画一个“S”形的曲面透视。

第七章
作品临摹

第一节 空 间 透 视

临摹作品需要仔细观察原作品的透视、构图和比例，了解主景和配景的关系以及表现手法。自然界的各种景物，由于透视关系，形体会产生变化，即近大远小的距离缩减现象。要理解这一变化，必须懂得透视基本原理。在风景写生中，描绘各类景观元素，如果不符合透视变化规律，就会歪斜。本节的透视主要针对场景素描来讲解，通过前文对几种透视原理的初步掌握，来进一步了解在整个场景绘画作品中透视的运用和把握。

一、平行透视（一点透视）

首先要确定作品中的透视关系，找到消失点。平行透视的消失点只有一个，通过画出画面中的变线（透视线）来找出消失点（见图 7-1）。

再观察消失点在画面中的位置，将该消失点定位在自己的画纸上。然后根据平行透视的基本原理，画出原线（互相平行的线，水平或垂直）和变线（消失于消失点的透视线）（见图 7-2）。

图 7-3、图 7-4 所示为平行透视临摹作品。

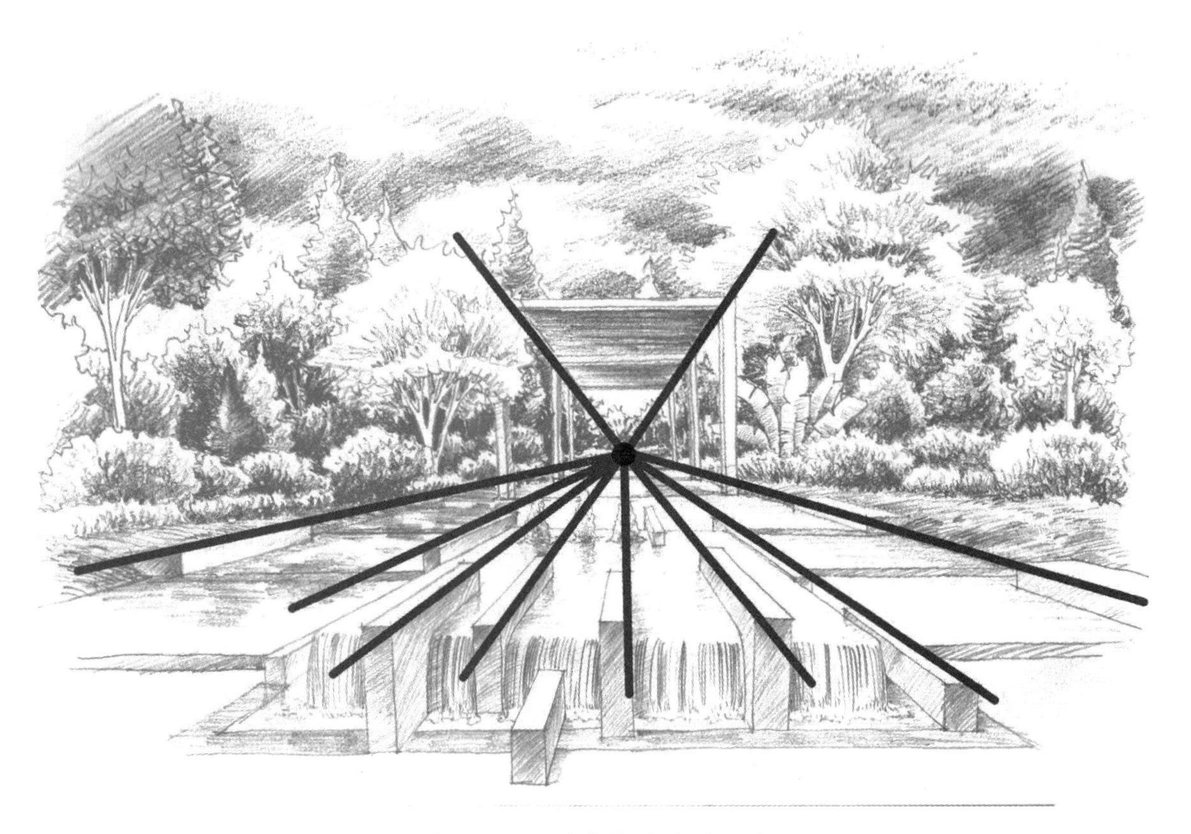

图 7-1 通过变线确定消失点

图 7-2 平行透视中的两组原线

图 7-3　平行透视临摹作品（1）

图 7-4　平行透视临摹作品（2）

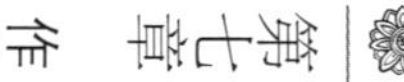

二、成角透视（两点透视）

和平行透视一样，首先要确定作品中的透视关系，找到消失点。成角透视的消失点有两个，通过画出画面中的变线（透视线）来找出消失点（见图 7-5）。

图 7-5　通过变线确定消失点

同样再观察两个消失点在画面中的位置，将该消失点定位在自己的画纸上。但是两点透视中的两个消失点有可能不在画面内，需要将画面延长，找到消失点大致的位置。然后根据成角透视的基本原理，画出原线（竖向垂直线）和变线（消失于两个消失点的透视线）（见图 7-6）。

图 7-7、图 7-8 所示为成角透视临摹作品。

图 7-6　成角透视中的原线和变线

图 7-7 成角透视临摹作品（1）

图 7-8 成角透视临摹作品（2）

三、倾斜透视（三点透视）

倾斜透视是在成角透视的两个消失点的基础上又多了一个消失点，所以又被称为三点透视。在倾斜透视中没有原线，只有变线，即消失于三个消失点的三组透视线（见图 7-9）。

图 7-10、图 7-11 所示为倾斜透视临摹作品。

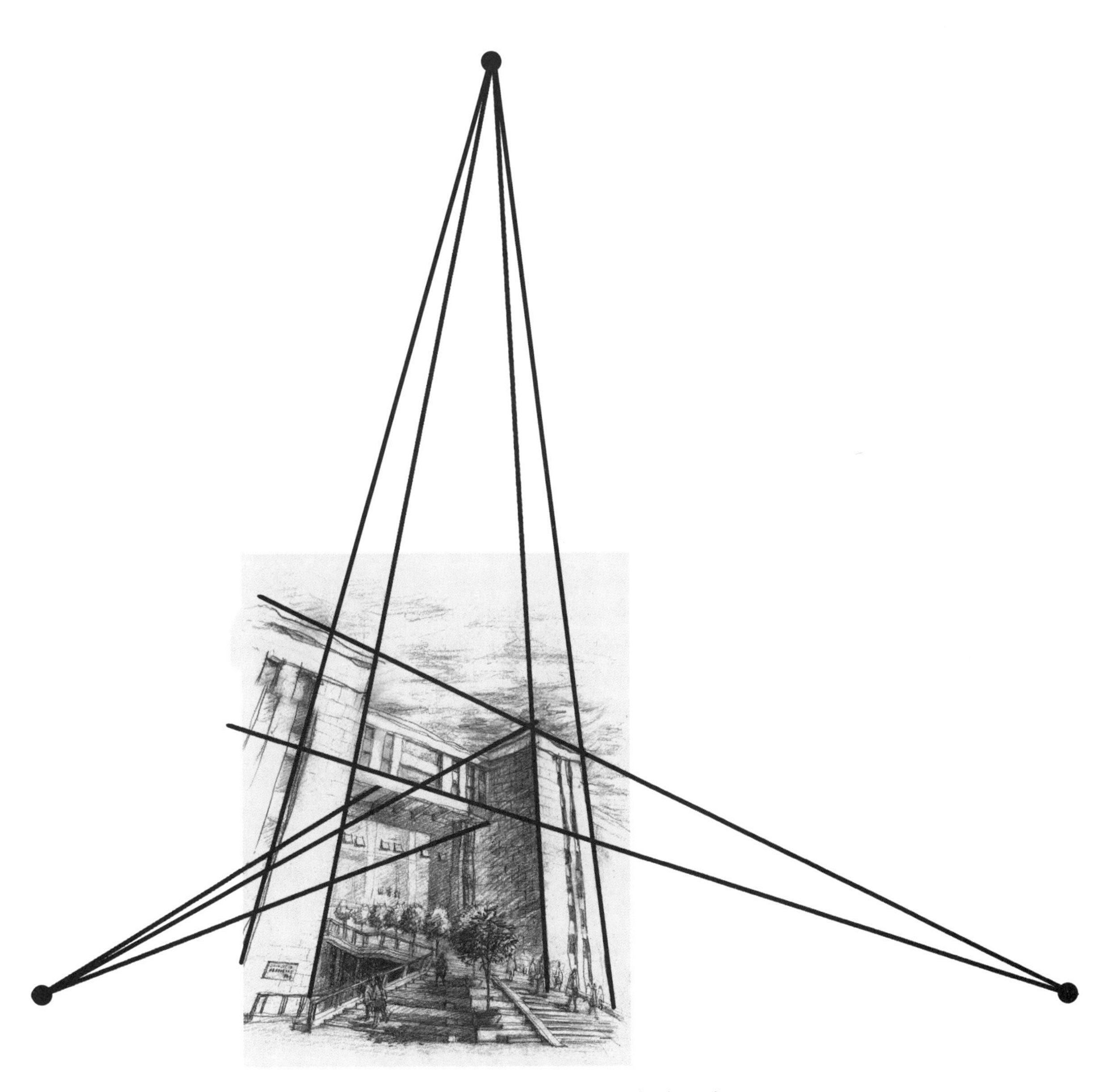

图 7-9 倾斜透视的三个消失点

图 7-10　倾斜透视临摹作品——仰视

图 7-11 倾斜透视临摹作品——俯视

思考与尝试：

找一张俯视的建筑景观照片，画出它的消失点和消失线。

第二节　临摹步骤

在临摹一幅作品的时候，首先要确定主体物和构图形式，观察主体物在画面中所占的比例（见图 7-12）。观察好了以后，按照比例将主体物的轮廓勾勒在画纸上。配景则只需简单勾勒出大致的位置（见图 7-13）。

图 7-12　观察临摹对象

图 7-13 勾勒出主体物的轮廓

然后按照轮廓线画出物体的结构和大致的明暗关系。这一步骤要注意建筑材料肌理表现和植物枝干和树冠的线条表现（见图 7-14）。

图 7-14 物体结构、明暗的初步刻画

再进一步详细刻画，加强建筑的明暗并初步画出质感。植物的枝干和明暗关系都要表现出来，使整个画面有一定的空间感（见图 7-15）。

图 7-15　进一步刻画结构、明暗和肌理

最后进行整体调整，画出建筑材料的质感，植物的枝叶都要细致刻画。加强明暗对比，处理好前后关系，使景物立体感更强（见图 7-16）。

图 7-16　细节刻画，完成作品

思考与尝试：

有些配景较少的作品在临摹的时候也可以将主体物先刻画完整，再画出配景，试着用这种方法画一下。

第八章
实景写生

第一节　实景写生构图

通过作画者的观察和体会，把自己对自然物象的认识或想象，通过各种绘画手段，把自然物象按一定的视觉规律，有序地排列、组合到画面上，这种形式能使观者顺利地通过画面感悟到作画者的思想和画面意境。构图本身很难说好与坏，关键是看作画者想表达怎样的意境，因而构图也是一种技巧。

一、构图方法

（一）对称式构图法

对称式构图法具有平静、安宁、稳定等特点。常用于表现平静的湖面、微波荡漾的水面、一望无际的平川、辽阔无垠的草原等。在人工园林中多用于规则式园林（见图 8-1、图 8-2）。

对称式构图符合人们的视觉习惯而成为一种常规的表现形式，是人们最容易接受的一种形式。对称式构图也具有一定的缺陷，就是显得呆板、缺少变化。常用于表现对称的物体、建筑、特殊风格的风景等。

图 8-1 中心对称式构图

图 8-2 左右对称式构图

（二）三角形构图法

三角形具有稳定性，给人均衡踏实的感觉。一般主体物较高大，放在画面纵向中心偏左一点或偏右一点的位置（见图 8-3）。

图 8-3　三角形构图

（三）垂直构图法

垂直构图即画面中以垂直线条为主。例如，树木能充分展示景物的高大和深度（见图 8-4）。

图 8-4　垂直构图

（四）框式构图法

框式构图法是指利用前景物体形成框架产生遮挡感，使人更注意框内景象的构图方法（见图 8-5）。

图 8-5　框式构图

（五）中心构图法

中心构图的主体处于偏中心的位置，四周景物朝中心集中，能将人的视线迅速、强烈地引向主体中心，并起到聚集的作用。一般来讲，在中心构图中，主体景物不会放在正中心，按照黄金分割构图法，会偏左或偏右一些，使画面看起来更符合人的审美（见图 8-6）。

图 8-6　中心构图

二、视高与取舍

（一）视高的选择

当你置身于多彩多姿的自然景物中，特别是看到很多值得表现的物象时，在构图中要选择一个视点，视点的高低形成的画面效果是不同的。高视点即从高处俯视地面景物，可表现宽阔的地面和深远的空间（见图 8-7）。低视点即仰视景物，表现的景物能产生巍然屹立、气势非凡的效果（见图 8-8）。一般视点的高度在画面的中间部分，即平视，这种构图接近现实生活环境，使人有身临其境的感觉，也是最常见的构图方式（见图 8-9）。

（二）画面的取舍和添加

构图起稿时的概括和取舍是常用方法。概括是对复杂的景物进行简化处理，把包罗万象的景物概括为几个层次。取舍就是保留最感兴趣的主要景物和能够起到烘托作用的次要景物，而无关大局的内容或形象尽量减弱或舍弃。有时画面平淡或构图欠缺，可以添加其他景物或人物来衬托。

图 8-7 俯视

图 8-8 仰视

图 8-9 平视

如图 8-10 所示，右下角的栏杆和三角梅就属于无关紧要却又影响画面的景物，可以舍弃。而且后面的山的形态与主景不协调，在作画时需要调整。

调整后的画面主体建筑明显清晰，配景虚化概括，没有喧宾夺主（见图 8-11）。

图 8-10　马安悠闲旅馆

（前景杂乱、背景不协调）

图 8–11　修改后的素描写生作品

（前景植物用同一种表现手法表现出来，减少原来场景中的凌乱。背景做了高低起伏处理，没有那么呆板。又加入了人物活动，使整个画面充满生活气息）

外出写生时，总有不尽如人意的景物掺杂在你想表现的景物中，为了构图的完美要进行适当的搬移，将周围或其他地方的一组景物搬移到这组景物中来，用以充实和加强这组形象画面的典型性和内容的集中性，增添画面效果。但是要注意，搬移画面中的景物要合理有序，不能违反比例透视关系，要给人一种自然天成的视觉效果（见图 8-12、图 8-13）。

图 8-12　侗族鼓楼实景照片

（实景照片中横向线条太多，缺少变化，配景构图平淡不生动）

图 8-13　修改后的素描写生作品

（将旁边的小路移到画面的前景中，再将远处的山画出高低错落的远近层次，使整个画面活跃不呆板）

构图起稿时要注意画面的均衡。均衡是指画面中视觉上、内容上、分量上、形象上安排布置要平衡、协调，不要使画面轻重不均或呆板、平淡。在风景园林素描表现中，均衡式构图是一种艺术审美观和视觉心理概念。均衡区别于对称，因为这种形式构图的画面不是左右两边的景物形状、数量、大小、排列的一一对应，而是相等或相近形状、数量、大小的不同排列，给人以视觉上的稳定，是一种异形、异量的呼应均衡，是利用近重远轻、近大远小、深重浅轻等透视规律和视觉习惯的艺术均衡。当然，均衡中也包括对称式的均衡。均衡式构图，给人以宁静和平稳感，但又没有绝对对称的那种呆板无生气，所以是绘画者在构图中常用的形式。小的物体可以与大的物体相均衡，远的物体也可与近的物体求均衡，动的物体也可以均衡静的物体，低的景物同样可均衡高的景物。效果好坏与绘画者的审美能力、艺术素质有关，要多加实践和学习，才能够掌握这种构图形式。在构图选景时可以用取景框或手机辅助（见图 8-14、图 8-15）。

图 8-14　实景照片

（右侧建筑体量小，整幅景物看起来左重右轻，画面不均衡）

图 8-15 修改后的素描写生作品

（将右侧建筑和后面的竹林抬高并拉近了一点，使画面左右景物平衡、协调）

思考与尝试:

还有哪些构图方法？试着画一下。

第二节　实景写生步骤

一、构图

如前所述，风景写生有其一般的构图要领，但是需要反复实践方能有所领悟。在构图时，首先是面对有画意的自然景物，选定好位置和角度后进行构图策划，抓住其景物的特色，确立地平线和取景范围，进行画面严密分割与透视意向的把握，并通过这种面积分割，使画面宾与主相呼应，疏密、虚实及前后景物安排得体，以体现出画面的内涵和节奏韵律之美（见图 8-16、图 8-17）。

图 8-16　明确构图和主体

图 8-17　取舍之后的素描写生作品

二、体和面的分析

构图意向在画面上初步落实之后，紧接着进行明暗分析。这种分析的任务一是对体和面受光的认识与控制；二是对体和面的立体结构的分析与归纳。这一步对初学者至关重要，它能加深绘画者对主要结构和透视规律的理解。

三、主次处理

风景写生的深入刻画一般从主体景物的精彩部分开始着手刻画而逐步展开，通常而言，画面主体中心部分设置在中景居多。风景素描中，画面整体气势的把握尤为重要。因此，刻画时应随时注意整体氛围的控制，在深入过程中，任何不恰当的细节刻画，都将导致画面的不协调。在刻画结束时，要进行画面的调整和艺术处理，即调整主次、虚实关系，以突出主体和画面视觉中心部分的精彩之处，弱化并简化其他部分。同时，在表现手法与艺术处理方面上，应紧紧地围绕画面总体气氛作出加工和调整，使之和谐而富于艺术的美感。

如图 8-18 所示，柴房作为主体景观，需要细致刻画造型、结构、材质等特征，至于后面的建筑和路边的建筑不必刻画，因为画出来会喧宾夺主，并且在画面中毫无意义。

图 8-18　柴房实景照片

我们可以在配景中加入其他景物，比如，弯曲的小路、人物等，使画面更富有情趣（见图 8-19）。

图 8-19 处理后的素描写生作品

四、深入刻画与艺术处理

在风景写生素描中，可以用轮廓线来表现物体的结构，可以用明暗面来表现物体的结构，也可以用两者相结合的手法等，当熟练掌握各种表现方法之后，作画的程序也就可以任意选择和变换了。出于光线的原因，通常有些物体的暗部较暗，看不清结构，在写生时要做主观处理（见图 8-20、图 8-21）。

图 8-20　强光下的建筑

图 8-21　暗部结构的主观处理

思考与尝试：

由于阳光的照射，通常建筑的内部结构看不清。选一张有光线的实景照片，试着画出暗部的纹理或结构。

第三节　实景素描写生作品

一、构图

写生时可以选择较为典型和有特定含义的景物作为素描写生中所要呈现的主体内容，再将其周围的景物等在素描中呈现，用于映衬这一主体内容。在通常情况下，主体景物往往会放在画面偏中间的位置，而次要景物则在主体景物的旁边分布，起到突出主体景物的作用。

二、基本步骤

步骤一：首先对要表现的场景进行构图，构图时可对所取的景物进行大胆的取舍，然后按构图所确定的位置从主要的景物入手作画，并注意其基本的透视关系。

步骤二：每画到一处都要考虑到构图的因素，要在构图的整体框架中进行，刻画时把握好物体近大远小的自然规律。

步骤三：深入刻画时要特别注意，不要陷入各种琐碎的细节中，要将有碍于构图的一些不重要的内容删除，强调画面的节奏感，注意疏密关系。

步骤四：调整统一。调整前可将画面与景物进行比较，找出存在的问题。从整体出发，对每个局部进行细致的调整，使画面更加完善。

三、写生范例

（一）苗族村寨素描写生之一

步骤一：选景。该风景以建筑为主体物，左前方的建筑作为整个画面的主体，后面的建筑、远山和大片的水田作为陪衬（见图 8-22）。

图 8-22 **选景（1）**

步骤二：构图。这是一个稍有俯视效果的三角构图。透视上采用两点透视（见图8-23）。

图 8-23 **构图（1）**

步骤三：勾勒轮廓。勾勒出主体建筑和配景建筑的轮廓。为了契合建筑坡屋顶的韵律，将远山的轮廓线做了两边高、中间低的起伏式处理，这样整个画面看起来更加生动协调，富有韵律感。所以我们在表现风景素描时，前景和远景作为主体的陪衬，可以根据画面需要进行调整和更改，也可以根据自己对景物的感受进行主观处理（见图 8-24）。

图 8-24　勾勒轮廓

步骤四：细致刻画。画建筑时要注意转折面的问题，被轮廓线框起来的地方只是一个平面，因此当你在表现某一个体积时，要知道它是怎么起伏的，需要几个“切面”才可以表达清楚，通过对物体明暗的深入刻画来塑造素描对象的体积感。在全面调整画面，有序取舍的同时兼顾对主要细节的刻画并突出主体。轮廓确定以后，就要确定明暗面。然后，从暗部画起，明面可以先留白。在刻画明暗的同时景物的质感也要表现出来。反复调整、深入，直到作品完成（见图 8-25）。

图 8-25 细致刻画，完成作品

（二）苗族村寨素描写生之二

步骤一：选景。该风景以建筑为主体，左前方的树木和桥为近景，用来衬托主体，远处的山有前有后，层次丰富（见图 8-26）。

图 8-26　选景（2）

步骤二：构图。这是一个平视效果的中心构图。以对面的房子为中心。由于右侧景物较少，为了平衡画面，所以将画面整体向右移了一下，这样左前方的树可以画得舒展一些。透视上采用一点透视。整个画面透视简单，容易掌握，只需注意景物的近实远虚即可。但该场景的景物较多，显得杂乱，有些影响画面的美观，如崭新的路灯、电线等，在构图时可以舍去。人物造型并不美观，缺少乡村的生活气息，所以改成了正在挑担的人（见图 8-27）。

步骤三：局部到整体。从近景的主体画起，可以细致地刻画，然后慢慢推向远处的主景（见图 8-28）。

图 8-27　构图（2）

图 8-28　局部到整体

步骤四：完成前景刻画。前景的表现要根据画面主体的需要而定，如果以中景为主体，则尽可能处理得简略概括一些。前景的表现无论是简略还是具体，都需要准确把握与中、远景的明暗对比关系，而使画面空间更加丰富、深远。将画面的前景进行详细描绘，并刻画完整（见图 8-29）。

图 8-29　完成前景刻画

步骤五：完成作品。将作为配景的远山和近处的水田概括刻画，不要喧宾夺主，使整个画面丰富饱满，空间感强。一般来说，一幅作品中重点部分是中景部分，即主体部分。中景的明暗变化最为丰富，对比较为强烈。中景在远景的衬托或近景的掩映下所产生的变化，对画面的气氛与意境有着重要的作用，因此在最后做调整时还需要做整体的调整（见图 8-30）。

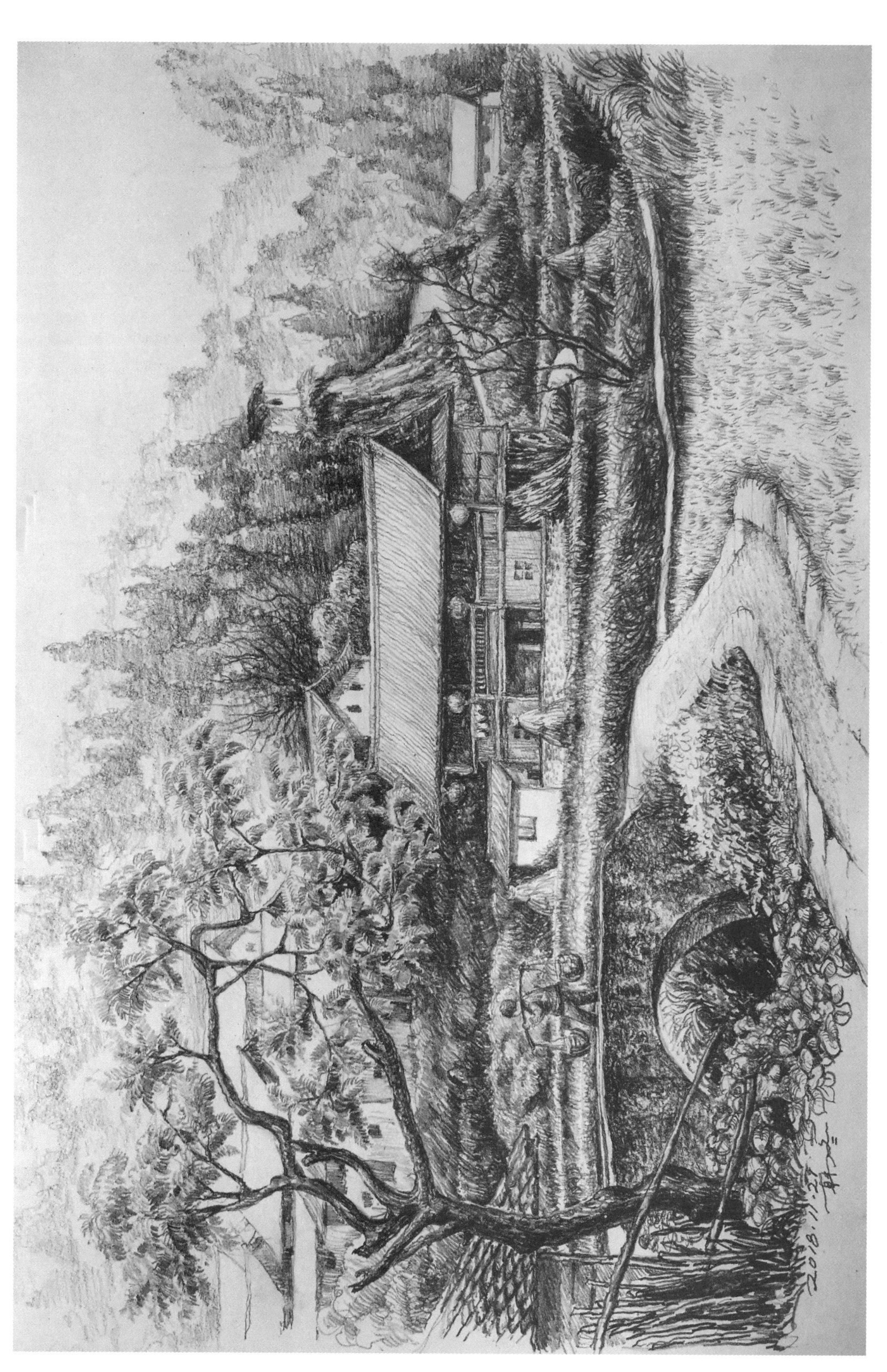

图 8-30 完成作品

（三）侗族村寨素描写生之三

步骤一：选景。该风景以建筑群为主体，远处的树木和山作为背景（见图 8-31）。

图 8-31　选景（3）

步骤二：构图。原场地景物可以作对称式构图，但因为远处山的轮廓线比较平缓，近处的风雨桥也比较平直，如果建筑群作对称式构图，整个画面会很单调乏味。所以舍去了风雨桥，并将远处的山修改了边缘线。建筑群也改成了错落有致的布局。整个画面算是一个俯视效果的三角形构图。透视上采用一点透视（见图 8-32）。

步骤三：从主要部位画起。一般情况下建筑的屋顶是受光面，所以即使瓦是黑色的，通常也处理成亮面。但在这组建筑群中，我们第一眼看到的便是黑压压的屋顶，所以可以通过主观感受将屋顶处理成重色。素描一般从暗部画起，所以可以先将屋顶画出（见图 8-33）。

图 8-32 构图（3）

图 8-33 从主要部位画起

步骤四：建筑群整体刻画。要注意建筑的外立面不能比屋顶暗，不然就混淆在一起分不清结构了。表现手法上将铅笔倾斜，用笔的侧峰来排线，以明暗面为主对建筑群进行刻画，注意明暗对比，保持构图中的层次关系，并注意排笔要流畅，有轻重之别。要注意建筑群之间的主次和远近关系的表现，比如，在远处和近处建筑的虚实、明暗处理中，近处建筑要画得深入充分些，远处建筑要画得概括笼统些。还要注意局部建筑的刻画必须统一在整体和空间之中（见图 8-34）。

图 8-34　建筑群整体刻画

步骤五：完成作品。建筑群刻画好后，就着手将配景画出。因为该画面中建筑屋顶做了深色处理，所以后面的植物和远山就要淡一些刻画，这样才能突出主体建筑。所以在画面中特意画了一缕烟雾缭绕在建筑群中，可以让建筑更加明显，也起到了与远处建筑过渡的作用。这也是绘画者按照主观意愿加上去的，可以体现烧秸秆的乡村气息，烘托画面氛围（见图 8-35）。

图 8-35 完成作品

写生的方法和步骤可以多种多样，但这需要在掌握基本的素描技法之后才能灵活运用和创新。希望大家能够在素描写生过程中多动手、多思考，描绘出更多优秀的素描作品。

思考与尝试:

写生时的构图和绘画方法多种多样，通过对基本的构图方法和表现手法的掌握，尝试演变出其他构图和绘画方法。